大学计算机应用

（第2版）

主　编　　陆建波

副主编　　苏毅娟　　闭应洲

参　编　　蒋雪玲　　容　青　　梁　烽

　　　　　杜泽娟　　张　霞　　周金凤

　　　　　蓝贞雄　　苏杨茜　　覃正优

　　　　　元昌安　　戴智鹏　　胡秦斌

北京理工大学出版社

BEIJING INSTITUTE OF TECHNOLOGY PRESS

内 容 简 介

本书是大学计算机基础教学体系的基础部分。主要介绍计算机的基础知识与体系构成、操作系统的基础知识与基本操作，文字处理软件 Word 2016、演示文稿软件 PowerPoint 2016、电子表格软件 Excel 2016 的基础知识与常用功能、网络与应用、Python 数据处理技术、计算思维、计算机前沿技术相关知识。本书以 Windows 10 为操作系统平台，以 Microsoft Office 2016 为基本教学软件。本书的目标是培养学生计算机应用能力，使其掌握计算机的基本知识，具备以计算机为工具为以后的工作和学习服务的能力。本书内容侧重基础性、实用性的知识。本书通俗易懂，知识全面，实例丰富，由浅入深，循序渐进，可作为高等院校计算机基础教学教材，也可作为自学、函授或培训的教材或参考书。

图书在版编目（CIP）数据

大学计算机应用／陆建波主编 . —2 版 . —北京：
北京理工大学出版社，2021.7
　　ISBN 978 – 7 – 5763 – 0081 – 9

　　Ⅰ . ①大…　Ⅱ . ①陆…　Ⅲ . ①电子计算机 – 高等学校
– 教材　Ⅳ . ①TP3

中国版本图书馆 CIP 数据核字（2021）第 143235 号

出版发行／北京理工大学出版社有限责任公司
社　　　址／北京市海淀区中关村南大街 5 号
邮　　　编／100081
电　　　话／（010）68914775（总编室）
　　　　　　（010）82562903（教材售后服务热线）
　　　　　　（010）68944723（其他图书服务热线）
网　　　址／http：//www.bitpress.com.cn
经　　　销／全国各地新华书店
印　　　刷／北京国马印刷厂
开　　　本／787 毫米 ×1092 毫米　1/16
印　　　张／15
字　　　数／347 千字
版　　　次／2021 年 7 月第 2 版　2021 年 7 月第 1 次印刷
定　　　价／76.00 元

责任编辑／梁铜华
文案编辑／杜　枝
责任校对／刘亚男
责任印制／李志强

图书出现印装质量问题，请拨打售后服务热线，本社负责调换

前言 *Preface*

　　随着科学技术的快速发展，计算机的应用已深入社会生活的各个领域。计算机应用能力也成为当代大学生知识结构中不可或缺的部分。

　　大学计算机基础是高等院校针对非计算机专业的学生开设的计算机课程，是高等院校的一门核心基础课程，是大学生必须掌握的实践性、应用性很强的课程。其旨在培养学生计算机应用能力，使学生掌握计算机的基本知识，具备以计算机为工具为以后的工作和学习服务的技能。

　　本书第 1 版自 2016 年 9 月出版以来，距今已四年多，过去的几年，人工智能、大数据、"互联网 +" 等科学技术的发展迅猛，社会的信息化对大学生的计算机应用能力提出了更高的要求。因此，我们在第 1 版内容的基础上进行了大幅更新、补充和修订，以适应计算机新技术的快速发展，保持本书的实用性和先进性。

　　本书主要特点如下：

　　（1）在内容组织上，力求突出知识的基础性、应用性。选择基础的计算机原理与理论知识、基础的操作系统知识及实用的系统软件操作、结合具体应用实例的 Word 文字处理、Excel 电子表格、Power-Point 演示文稿的基础知识及实用操作、网络的基础知识及互联网应用、Python 数据处理技术、大数据分析可视化、计算思维与计算文化概述知识为本书的主要内容。

　　（2）在表达形式上，侧重以实例图形、图像以及过程步骤的截图对知识点及操作进行展示，有利于读者直观、具体地理解。

　　（3）在教学方法上，主要采用了实例教学法，围绕各知识点，我们精选了具有代表性的、具有实用价值的学习、生活、工作中的实例，如：本科毕业论文、学生成绩管理电子表格、无线路由器的设置、网络爬虫，力求通过对实例的分析和处理，使学生能够将理论与应用结合，加深理解，达到举一反三、学以致用的目的。

（4）在写作方法上，本书的语言精练，通俗易懂，结构清晰，各章内容连接自然流畅，知识点分布合理。

（5）本书有丰富的配套教学资源。为了让学生巩固所学知识，提高实践动手能力，我们编写了丰富的线上、线下测试练习题，制作了丰富的微课资源、技术资料，如需获取本书的相关资源，可与作者联系：55082388@ qq. com。

本书的参编人员均为从事本课程教学的一线教师，在多年教学经验的基础上，结合课程的目标和特点，进行充分的研讨后而编写。本书由南宁师范大学陆建波任主编，南宁师范大学苏毅娟、闭应洲任副主编。各章节的编写分工为：蒋雪玲、容青、梁烽编写第 1 章，杜泽娟编写第 2 章，张霞编写第 3 章，周金凤编写第 4 章，蓝贞雄、陆建波编写第 5 章，苏杨茜、陆建波、覃正优编写第 6 章，苏毅娟、元昌安编写第 7 章，戴智鹏、胡秦斌、闭应洲编写第 8 章。

在编写过程中，南宁师范大学计算机与信息工程学院研究生孟一帆、宋庆兰、丘馥祯等参与了本书的部分编写、绘制工作，在此，向这些同学的辛勤付出表示感谢。

计算机技术发展日新月异，由于作者能力有限，书中难免有错误和不足之处，恳请各位读者批评指正。

作　者
2021 年 4 月

目录

第1章　计算机技术概述 ·· 1

1.1　计算机概述 ··· 1

1.2　计算机中的数据表示 ··· 7

1.3　计算机系统 ·· 12

1.4　Windows 10 使用基础 ··· 26

第2章　文字处理软件 ·· 33

2.1　Word 2016 概述 ·· 33

2.2　文档的基本操作和文本编辑 ··· 35

2.3　文档格式的编排 ·· 44

2.4　表格的设计与制作 ·· 55

2.5　图文混排 ·· 60

2.6　打印文档 ·· 68

2.7　Word 高级应用 ··· 69

第3章　演示文稿制作软件 ·· 73

3.1　PowerPoint 2016 的基本操作 ······································· 73

3.2　幻灯片的格式化 ·· 79

3.3　幻灯片的动画效果设置 ··· 88

3.4　幻灯片的放映、打印与导出 ··· 96

第4章 电子表格制作软件 ·· 104

  4.1 电子表格概述 ··· 104

  4.2 Excel 2016 工作簿的创建与保存 ··· 106

  4.3 数据输入 ·· 108

  4.4 格式化工作表 ··· 112

  4.5 管理工作表 ··· 118

  4.6 数据计算 ·· 120

  4.7 数据管理和分析 ·· 127

  4.8 数据图表化 ··· 130

第5章 网络与应用 ·· 134

  5.1 计算机网络概述 ·· 134

  5.2 互联网基础 ··· 142

  5.3 互联网的基本服务 ·· 148

  5.4 无线网络 ·· 159

  5.5 网络与信息安全 ·· 162

第6章 数据处理技术 ·· 173

  6.1 大数据概述 ··· 173

  6.2 Python 基础 ··· 176

  6.3 数据获取 ·· 181

  6.4 数据分析 ·· 183

  6.5 数据可视化 ··· 185

第7章 基于计算机的问题求解 ·· 188

  7.1 计算思维 ·· 188

  7.2 问题求解与程序设计基础 ·· 190

7.3 数据结构与算法基础 ……………………………………………………… 198

7.4 计算文化 …………………………………………………………………… 213

第8章 计算机前沿技术 ……………………………………………………… 216

8.1 智慧城市 …………………………………………………………………… 216

8.2 人类机能增进技术 ………………………………………………………… 217

8.3 区块链 ……………………………………………………………………… 218

8.4 产业互联网 ………………………………………………………………… 220

8.5 量子计算 …………………………………………………………………… 222

8.6 混合现实 …………………………………………………………………… 223

8.7 移动云计算 ………………………………………………………………… 224

参考文献 …………………………………………………………………………… 226

第1章 计算机技术概述

1.1 计算机概述

计算机是一种能够按照事先存储的程序，自动、高速地进行大量数值计算和各种信息处理的现代化智能电子设备。

1.1.1 计算机的产生与发展

计算机最早是作为一种计算工具被研制。在历史上，计算工具的研制经历了由简单到复杂、从低级到高级的不同阶段，例如，从"结绳记事"中的绳结到算筹、算盘、机械计算机等，它们在不同的历史时期发挥了各自的作用，也启发了现代电子计算机的研制思想。

算盘（图1-1）是中国传统的手动操作的计算工具。它由春秋时期已普通使用的算筹逐渐演变而来。但是算盘的缺陷难以避免：在计算过程中，小差错会引起大误差，而且这种错误在算盘的使用过程中极难排查。于是，人们期待改进的计算工具出现。

图1-1 算盘

1642年，法国数学家帕斯卡设计了一种名为机械计算机（图1-2）的装置，能完成简单的加法运算，虽然操作复杂且效率不高，但是因为计算的自动性，只要输入的数字正确，计算结果就准确无疑。1671年，数学家莱布尼茨改进了帕斯卡设计的计算机，使其能进一步完成乘法计算。另外，在设计的过程中，他还发明了二进制，为计算机的研究指明了正确的方向。不过，因为制造工艺与理论的限制，莱布尼茨研制的机械计算机不能保存计算结果，功能性比较单一。

1822年，英国科学家巴贝奇制造出差分计算机，能完成简单的微积分计算，这为制造复杂功能的计算机提供了思路。20世纪初期，机械计算机还在巴贝奇的基础上进行了改良。尽管其计算能力有了显著提高，却始终避免不了两个天生的缺陷：由于缺少存储器而无法保存数据；无法进行复杂函数的运算。

以往每台计算机的设计都只能针对解决某个具体问题。后来，英国科学家图灵和美国科学家香农通过他们的创新性设计，设计出一种通用机器，再配合一组控制指令，对于不同的

图1-2 机械计算机

问题，使用同一套硬件，只需要改变控制指令的序列就能解决，从此，计算机就变成了通用问题处理机。

1930年，美国科学家范内瓦·布什制造出世界上首台模拟电子计算机。

1936年，英国数学家图灵（图1-3）提出了一种抽象的计算模型，即图灵机，图灵的基本思想就是用机器来模拟人们用纸笔进行数学运算的过程。有了图灵机的灵魂，就要把理论变为现实，这得益于美国数学家香农（图1-4）。香农在1938年的硕士论文中设计了一种二进制的开关逻辑电路，奠定了数字电路的理论基础。现在，所有计算机处理器的运算功能都是基于无数个这样的电路拼接而成的。

图1-3 图灵

图1-4 香农

1946年2月14日，由美国军方定制的世界上第一台电子计算机"电子数字积分计算机"（Electronic Numerical Integrator and Computer，ENIAC）在美国宾夕法尼亚大学问世。ENIAC（图1-5）是美国奥伯丁武器试验场为了满足计算弹道需要而研制的。这台计算机使用了17 840支电子管，大小为80英尺①×8英尺，重达28吨，功耗为170千瓦，其运算速度为每秒5 000次的加法运算，造价约为487 000美元。ENIAC的问世具有划时代意义，表明了电子计算机时代的到来。

ENIAC是由美国宾夕法尼亚大学莫尔电工学校的物理学家约翰·莫希利和工程师珀瑞斯勃·埃克特为首的数十个技术人员和数学家共同开发的，ENIAC的研制计划于1943年5月开始实施，并于1946年完成，后安装在陆军弹道研究所，一直服役到1955年10月。

———

① 1英尺=0.304 8米。

图 1-5 ENIAC

ENIAC 耗电惊人，运行时每小时耗电 150 千瓦，产生非常大的热量，ENIAC 每 200 微秒进行一次加减运算，每 3 毫秒进行一次乘法运算，每 30 毫秒进行一次除法运算。ENIAC 运算速度之快，相当于手工计算的 20 万倍。

1945 年，宾夕法尼亚大学莫尔学院开始研制电子离散变量自动计算机（Electronic Discrete Variable Automatic Computer，EDVAC），参加研制的人除埃克特、莫希利等研制 ENIAC 的原班人马外，还有冯·诺依曼（图 1-6）等人。1945 年 6 月，冯·诺依曼提出了在数字计算机内部的存储器中存放程序的概念，这是所有现代电子计算机结构的模板，被称为"冯·诺依曼结构"，目前计算机的体系结构大都沿用了冯·诺依曼结构。EDVAC 方案明确规定了新机器有五个构成部分：计算器（CA）；逻辑控制装置（CC）；存储器（M）；

图 1-6 冯·诺依曼

输入装置（I）；输出装置（O）。EDVAC 方案有两个非常重大的改进：一是为了充分发挥电子元件的高速度而采用了二进制；二是提出了"存储程序"，可以自动地从一个程序指令进入下一个程序指令，其作业顺序可以通过一种称为"条件转移"的指令自动完成。EDVAC 方案是计算机发展史上的一个划时代的里程碑。存储程序概念的提出和计算机结构理论的初步确定，为电子计算机的发展奠定了理论基础。

在 ENIAC 诞生以后的 70 多年间，计算机技术以惊人的速度发展。按计算机软硬件技术和应用领域的发展划分，到目前为止其发展经历了四个阶段。

第一阶段：电子管计算机阶段（1946—1958年）

硬件方面，逻辑元件采用真空电子管，存储器采用汞延迟线、阴极射线示波管静电存储器、磁鼓等。软件方面，采用机器语言、汇编语言编写指令。应用方面以军事和科学计算为主。特点是体积大，功耗高，可靠性差，速度慢（一般为每秒数千次至数万次），价格昂贵。

第二阶段：晶体管计算机阶段（1958—1964年）

硬件方面，逻辑元件采用晶体管，主存储器采用磁芯；外存储器采用磁盘、磁带等。软件方面，采用汇编语言、高级语言编写指令，开始使用操作系统。应用方面，以科学计算和事务处理为主，并开始进入工业控制领域。特点是体积缩小，能耗降低，可靠性提高，运算速度提高（一般为每秒数十万次，最高可达三百万次），性能比第一代计算机有很大的提高。

第三阶段：集成电路计算机阶段（1964—1970年）

硬件方面，逻辑元件采用中、小规模集成电路（MSI、SSI），主存储器采用半导体存储器。软件方面，出现了分时操作系统以及结构化、规模化程序设计方法。应用方面，遍及科学计算、工业控制、数据处理等各个方面。特点是速度更快（一般为每秒数百万次至数千万次），而且可靠性有了显著提高，价格进一步降低，产品走向了通用化、系列化和标准化等。

第四阶段：大规模集成电路计算机阶段（1970年至今）

硬件方面，逻辑元件采用大规模和超大规模集成电路。软件方面，出现了数据库管理系统、网络管理系统和面向对象语言等。应用方面，从科学计算、事务管理、过程控制逐步走向家庭。特点是体积小、价格便宜、使用方便，功能和运算速度已经达到甚至超过了过去的大型计算机。

计算机技术的发展非常迅猛，它不断结合新的时代需求，也不断创造着新的观念和方式。未来的计算机将结合微电子、光学、超导及纳米等技术，将更加深入地进入人们的生活中，也将人类社会的发展推向更高的发展阶段。

1.1.2　计算机的分类

随着人们生活水平的提高，产生的垃圾也越来越多，垃圾分类是保护环境的迫切要求。垃圾分类的目的是提高垃圾的资源价值和经济价值，力争物尽其用，减少垃圾处理量和处理设备的使用，降低处理成本，减少土地资源的消耗，具有社会、经济、生态等几方面的效益。

类似垃圾分类，随着科技的发展，各行业不断出现各种新型计算机，如生物计算机、光子计算机、量子计算机等。按不同标准对计算机进行分类，可以让人们更好地了解计算机的应用场景。

按信息的表示方式分类，计算机可以分为模拟计算机、数字计算机、数模混合计算机；按应用范围分类，计算机可以分为专用计算机、通用计算机；按规模和处理能力分类，计算机可分为超级计算机、网络计算机、工业控制计算机、个人计算机、嵌入式计算机五类。

超级计算机通常是指由数百数千甚至更多的处理器（机）组成的、能完成普通PC机和服务器不能完成的大型复杂课题的计算机。超级计算机是运算速度最快、存储容量最大的一类计算机，是国家科技发展水平和综合国力的重要标志。

网络计算机分为服务器和工作站，服务器是指某些高性能计算机能通过网络对外提供服务。工作站是一种以个人计算机和分布式网络计算为基础，主要面向专业应用领域，具备强大的数据运算与图形、图像处理能力，为满足工程设计、动画制作、信息服务等专业领域而设计开发的高性能计算机。

工业控制计算机是一种采用总线结构，对生产过程及其机电设备、工艺装备进行检测与控制的计算机系统总称，简称工控机。

个人计算机分为台式计算机、笔记本电脑、一体机、平板电脑、智能手机等。

台式计算机：主机、显示器等设备都是相对独立的，一般需要放置在电脑桌或者专门的工作台上。

笔记本电脑是一种小型、可随身携带的个人电脑。

一体机是由主机功能都整合到显示器部分的显示器、键盘和鼠标组成的计算机。

平板电脑：构成组件与笔记本电脑基本相同，只是无专门输入设备，功能完整，采用触摸屏操作。

智能手机：除具备手机的通话功能外，还具备了微型电脑的处理功能。

嵌入式计算机：嵌入式计算机是以嵌入式系统为应用中心的计算机。嵌入式系统是以应用为中心、以微处理器为基础，软硬件可裁剪的，适应应用系统，对功能、可靠性、成本、体积、功耗等综合性严格要求的专用计算机系统，几乎包括了生活中的机顶盒、数字电视、汽车、微波炉、电梯、医疗仪器等。

1.1.3　计算机的特点及应用

计算机是 20 世纪最先进的科学技术发明之一，对人类的生产活动和社会活动产生了极其重要的影响，并凭借强大的生命力飞速发展。它的应用领域从最初的军事科研领域扩展到社会的各个领域，已形成了规模巨大的计算机产业，带动了全球范围的技术进步，引发了深刻的社会变革。

计算机具有很多优秀的特点，这决定了它在很多领域都得到了很好的应用。目前，计算机的应用已经渗透到社会的各个领域，并且在日益影响和改变着人类传统的工作、学习、娱乐和生活方式。

1. 计算机的特点

（1）运算速度快。当今计算机系统的运算速度已达到每秒万亿次，使大量复杂的科学计算问题得以解决。例如，卫星轨道的计算、24 小时天气计算，用计算机只需几分钟就可以完成。

（2）计算精确度高。一般计算机可以有十几位甚至几十位（二进制）有效数字，计算精度可从千分之几到百万分之几。计算机控制的导弹能准确击中预定的目标，与其精确计算的能力分不开。

（3）逻辑运算能力强。计算机不仅能进行精确计算，还具有逻辑运算功能，能对信息进行比较和判断。计算机能把参加运算的数据、程序以及中间结果和最后结果保存起来，并能根据判断的结果自动执行下一条指令以供用户随时调用。

（4）有存储记忆能力且记忆量大。计算机内部的存储器具有记忆特性，可以存储大量的信息，这些信息，不仅包括各类数据信息，还包括加工这些数据的程序。

（5）自动化程度高。由于计算机具有存储记忆能力和逻辑判断能力，所以人们可以将预先编好的程序组存入计算机内存，在程序的控制下，计算机可以连续、自动地工作，不需要人的干预。

2. 计算机的应用

（1）科学计算。科学计算是计算机最早的应用领域，是指利用计算机来完成科学研究和工程技术中提出的数值计算问题。当前科学计算的任务是大量的和复杂的。利用计算机的运算速度高、存储容量大和能连续运算的能力，可以解决人工无法完成的各种科学计算问题。例如，地震预测、气象预报、火箭发射等都需要由计算机承担庞大而复杂的计算量。

（2）信息管理。信息管理是以数据库管理系统为基础，辅助管理者提高决策水平，改善运营策略的计算机技术。信息管理已广泛应用于办公自动化、企事业计算机辅助管理与决策、情报检索、会计电算化等各行各业。

（3）过程控制。过程控制是利用计算机实时采集数据、分析数据，按最优值迅速地对控制对象进行自动调节或自动控制，不仅可以提高控制的自动化水平，而且可以提高控制的时效性和准确性，从而改善劳动条件、提高产量与合格率。计算机过程控制已在机械、冶金、石油、电力等领域得到广泛的应用。

（4）计算机辅助设计（Computer Aided Design，CAD）。计算机辅助设计是利用计算机系统辅助设计人员进行工程或产品设计，以实现最佳设计效果的一种技术。CAD 技术已应用于飞机设计、建筑设计、机械设计、大规模集成电路设计等。采用计算机辅助设计，可缩短设计时间，提高工作效率，节省人力、物力和财力，更重要的是可提高设计质量。

（5）计算机辅助制造（Computer Aided Manufacturing，CAM）。计算机辅助制造是利用计算机系统进行产品的加工控制过程，输入的信息是零件的工艺路线和工程内容，输出的信息是刀具的运动轨迹。将 CAD 和 CAM 技术集成，可以实现设计产品生产的自动化，这种技术被称为计算机集成制造系统。

（6）计算机辅助教学（Computer Aided Instruction，CAI）。计算机辅助教学是利用计算机系统进行课堂教学。辅助教学可以用各种多媒体创作软件制作教学课件或微课，CAI 不仅能减轻教师的负担，还能使教学内容生动、形象逼真，能够动态演示实验原理或操作过程，激发学生的学习兴趣，提高教学质量。

（7）计算机多媒体。计算机多媒体是指组合两种或两种以上媒体的一种人机交互式信息，目的是实现更好的交流和传播。其使用的媒体包括文字、图片、照片、声音、动画和影片，以及程式所提供的互动功能。计算机多媒体几乎在各个领域都得到了广泛应用。

（8）计算机网络。计算机网络是由一些独立的和具备信息交换能力的计算机互联构成、以实现资源共享的系统。计算机网络已成为人类建立信息社会的物质基础，它给人们的工作和生活带来了极大的便捷，如在全国范围内银行信用卡的使用，火车票和飞机票的网络销售等。人们还可以在全球最大的互联网（Internet）上浏览、检索信息、收发电子邮件、玩网络游戏、选购商品、参与众多问题的讨论、实现远程医疗服务等。

（9）人工智能。人工智能是计算机科学的一个分支，这个分支的目的是了解人类智能的实质，并生产出一种新的能以和人类智能相似的方式做出反应的智能机器。该领域的研究包括机器人、语言识别、图像识别、自然语言处理和专家系统等。

（10）数据挖掘。数据挖掘是指从大量的数据中搜索隐藏于其中信息的过程。数据挖掘需要通过统计、在线分析处理、情报检索、机器学习、专家系统和模式识别等诸多方法来实现搜索目标。

（11）虚拟现实与增强现实。虚拟现实（Virtual Reality，VR）是利用计算机生成一种模拟环境，从而给人以环境沉浸感，人能以自然的方式与计算机生成的虚拟环境进行交互。增强现实（Augmented Reality，AR）技术是一种将虚拟信息与真实世界巧妙融合的技术，将计算机生成的文字、图像、三维模型、音乐、视频等虚拟信息模拟仿真后，应用到真实世界中，从而实现对真实世界的"增强"。

（12）云计算和云存储。云是网络、互联网的一种比喻说法。用户通过计算机、笔记本电脑、智能手机等方式接入网络数据中心，按自己的需求进行运算。云计算是分布式计算、并行计算、效用计算、网络存储、虚拟化、负载均衡、热备份冗余等传统计算机和网络技术发展融合的产物。

云存储是在云计算概念上延伸和发展而来的一个概念，是指通过集群应用、网络技术或分布式文件系统等功能，将网络中存在的大量各种不同类型的存储设备通过应用软件集合起来协同工作，共同对外提供数据存储和业务访问功能的一个系统。

（13）大数据。大数据技术依托云计算的分布式处理、分布式数据库和云存储、虚拟化技术对海量数据进行分布式数据挖掘，以期在合理时间内获得更全面更精准的用于帮助决策的信息。大数据技术可用来察觉商业趋势、判定研究质量、避免疾病扩散、打击犯罪或测定实时路况等。

（14）物联网。物联网是指通过信息传感器、射频识别技术、全球定位系统、红外感应器、激光扫描器等各种装置与技术，实时采集任何需要监控、连接、互动的物体或过程，采集其声、光、热、电、力学、化学、生物、位置等各种需要的信息，通过各类可能的网络接入，实现物与物、物与人的泛在连接，实现对物品和过程的智能化感知、识别和管理。物联网让所有能够被独立寻址的普通物理对象形成互联互通的网络。

1.2　计算机中的数据表示

计算机处理信息的前提是先解决信息在计算机内部的表示。计算机内部信息的表示采用二进制数，即信息输入计算机之后要转换为二进制代码串。二进制是计算机技术中广泛采用的一种数制，它用 0 和 1 两个数码来表示数。

计算机内部采用二进制的原因：

（1）技术实现简单。计算机是由逻辑电路组成，逻辑电路通常只有两个状态，开关的接通与断开，这两种状态正好可以用"1"和"0"表示。

（2）运算规则简单。两个二进制数和、积运算组合各有三种，运算规则简单，有利于简化计算机内部结构，提高运算速度。

（3）逻辑运算方便。逻辑代数是逻辑运算的理论依据，二进制只有两个数码，正好与逻辑代数中的"真"和"假"相吻合。

（4）易于进行转换。二进制数与十进制数易于互相转换。

（5）抗干扰能力强，可靠性高。因为每位数据只有高低两个状态，当受到一定程度的干扰时，仍能可靠地分辨出它是高还是低。

计算机可以处理的现实生活中的数据分为不同类型，有数值型、字符型、图形、音频、视频等，在计算机中不同类型数据的二进制表示规则是不一样的。本章介绍数值型数据、英文符号信息和汉字信息在计算机内部所采用的二进制表示规则。

1.2.1 数值型数据的表示

在日常生活中，人们采用的数值型数据有十进制数、八进制数和十六进制数，它们可以按进位计数的原理和二进制数进行双向转换。

1. 进位计数

数制也称计数制，是指用一组固定的符号和统一的规则来表示数值的方法。按进位的方法进行计数，称为进位计数制。

一种进位计数制包含一组数码符号和基数、数位、权四个基本因素。

数码符号：一组用来表示某种数制的符号。

基数：数制可以使用的数码个数。

数位：数码在一个数中所处的位置。

权：权是基数的幂，表示数码在不同位置上的数值。

权值乘以对应数位数码，就是该数位数码表示的实际值。一个进制数各数位数码所表示的数值之和，就是该进制数所表示的实际值。

2. 进制

1）十进制

数码：0、1、2、3、4、5、6、7、8、9。

基数：10。

十进制数的进位规则是"逢十进一"。

一个 $n+1$ 位的十进制数 $a_n a_{n-1} \cdots a_1 a_0$ 可以写成所有各数位数码乘以对应权值后相加的一个多项式通式的形式：

$$a_n a_{n-1} \cdots a_1 a_0 = a_n \times 10^n + a_{n-1} \times 10^{n-1} + \cdots + a_1 \times 10^1 + a_0 \times 10^0$$

a_i 为从右向左数第 $i-1$ 个数位上出现的十进制数码。10^i 为第 $i-1$ 位的权值，如 10^1、10^0 分别为十位、个位上的权值。

示例 1-1：十进制数 867 可以写成：

$$876 = 8 \times 10^2 + 7 \times 10^1 + 6 \times 10^0$$

2）二进制

数码：0、1。

基数：2。

二进制数的进位规则是"逢二进一"，所以二进制数中不可能出现大于 1 的数码。

一个 $n+1$ 位的二进制数 $a_n a_{n-1} \cdots a_1 a_0$ 可以写成所有各数位数码乘以对应权值后相加的一个多项式通式的形式：

$$a_n a_{n-1} \cdots a_1 a_0 = a_n \times 2^n + a_{n-1} \times 2^{n-1} + \cdots + a_1 \times 2^1 + a_0 \times 2^0$$

a_i 为从右向左数第 $i-1$ 个数位上出现的二进制数码。2^i 为第 $i-1$ 位的权值，如 2^1、2^0 分别为十位、个位上的权值。

为了把二进制数和只包含 0、1 两个数码的其他进制数区分开，本书中出现的二进制数用圆括号括起来，并在右下角标上对应基数 2 或字母"B"。

示例 1-2：二进制数 101101 可以写成：

$$(101101)_2 = 1 \times 2^5 + 0 \times 2^4 + 1 \times 2^3 + 1 \times 2^2 + 0 \times 2^1 + 1 \times 2^0$$

3）八进制

数码：0、1、2、3、4、5、6、7。

基数：8。

八进制数的进位规则是"逢八进一"，所以八进制数中不可能出现大于 7 的数码。

一个 $n+1$ 位的八进制数 $a_n a_{n-1} \cdots a_1 a_0$ 可以写成所有各数位数码乘以对应权值后相加的一个多项式通式的形式：

$$a_n a_{n-1} \cdots a_1 a_0 = a_n \times 8^n + a_{n-1} \times 8^{n-1} + \cdots + a_1 \times 8^1 + a_0 \times 8^0$$

a_i 为从右向左数第 $i-1$ 个数位上出现的八进制数码。8^i 为第 $i-1$ 位的权值，如 8^1、8^0 分别为十位、个位上的权值。

和二进制同样的道理，本书中出现的八进制数用圆括号括起来，并在右下角标上对应基数。

示例 1-3：八进制数 563 可以写成：

$$(563)_8 = 5 \times 8^2 + 6 \times 8^1 + 3 \times 8^0$$

4）十六进制

数码：0、1、2、3、4、5、6、7、8、9、A、B、C、D、E、F。与十进制的对应关系是：0~9 对应 0~9，A~F 对应 10~15。

基数：16。

十六进制数的进位规则是"逢十六进一"。

一个 $n+1$ 位的十六进制数 $a_n a_{n-1} \cdots a_1 a_0$ 可以写成所有各数位数码乘以对应权值后相加的一个多项式通式的形式：

$$a_n a_{n-1} \cdots a_1 a_0 = a_n \times 16^n + a_{n-1} \times 16^{n-1} + \cdots + a_1 \times 16^1 + a_0 \times 16^0$$

a_i 为从右向左数第 $i-1$ 个数位上出现的八进制数码。16^i 为第 $i-1$ 位的权值，如 16^1、16^0 分别为十位、个位上的权值。

同样的道理，本书中出现的十六进制数用圆括号括起来，并在右下角标上对应基数。

示例 1-4：十六进制数 5A3 可以写成：

$$(5A3)_{16} = 5 \times 16^2 + 10 \times 16^1 + 3 \times 16^0$$

3. 进制转换

1）其他进制数转换为十进制数

方法：将其他进制数写成所有各数位数码乘以对应权值后相加的多项式通式的形式，计算后得到结果为相应的十进制数。

示例 1-5：将二进制数 101101.011 转换为十进制数

$(101101.011)_2 = 1 \times 2^5 + 0 \times 2^4 + 1 \times 2^3 + 1 \times 2^2 + 0 \times 2^1 + 1 \times 2^0 + 0 \times 2^{-1} + 1 \times 2^{-2} + 1 \times 2^{-3} = (45.375)_{10}$

示例 1－6：将八进制数 357.04 转换为十进制数

$$(357.04)_8 = 3 \times 8^2 + 5 \times 8^1 + 7 \times 8^0 + 0 \times 8^{-1} + 4 \times 8^{-2} = (239.0625)_{10}$$

示例 1－7：将十六进制数 A57.4 转换为十进制数

$$(A57.4)_{16} = 10 \times 16^2 + 5 \times 16^1 + 7 \times 16^0 + 4 \times 16^{-1} = (343.0625)_{10}$$

2）将十进制数转换为 n 进制数

十进制数转换为 n 进制数，整数部分和小数部分的转换规则不一样。

整数部分用除 n 取余法。整数部分除 n 取余，所得的商继续除 n 取余，一直除到商为 0，按计算顺序逆序取余数，最后得到的余数为转换后的最高位，计算得到的第一位余数为转换后的最低位。

小数部分用乘 n 取整数法。小数部分乘以 n，把得到的整数部分作为转换后的小数部分的最高位，把上一步得到的小数部分再乘以 n，把整数部分作为转换后的小数部分的次高位，重复这个过程，直到小数部分变为零，或者达到预定的小数位数。

示例 1－8：将十进制数 34.82 转换为二进制数、八进制数、十六进制数。

转换为二进制的过程如下：

整数部分：

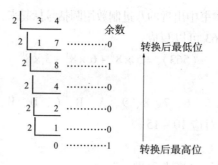

小数部分：

结果：$(34.82)_{10} = (100010.1101)_2$

八进制数、十六进制数结果的转换过程与二进制数类似，转换后得到的结果如下：

$$(34.82)_{10} = (42.64)_8 \qquad (34.82)_{10} = (22.D1)_{16}$$

4. 二进制数与八进制数、十六进制数的相互转换

1）二进制数与八进制数的相互转换

用三位二进制数表示一位八进制数码，对应关系见表 1－1。

表 1 – 1　八进制数码与二进制数对应关系

八进制	0	1	2	3	4	5	6	7
二进制	000	001	010	011	100	101	110	111

二进制数转换为八进制数：采用"三位一并"法。以小数点为基点，向左右两个方向将每三位二进制数并为一组，不足三位的用 0 补齐，然后按表的对应关系把每组转换为一位八进制数码即可得到结果。

示例 1 – 9：$(100010.11)_2 = (\underline{100}\ \underline{010}.\ \underline{110})_2 = (42.6)_8$

八进制转换为二进制：采用"一分为三"法。以小数点为基点，向左右两个方向按表的对应关系用三位二进制数替换一位八进制数码。

示例 1 – 10：$(42.6)_8 = (100\ 010.\ 110)_2 = (100010.11)_2$

2）二进制数与十六进制数的相互转换

用四位二进制数表示一位十六进制数码，对应关系见表 1 – 2。

表 1 – 2　十六进制数码与二进制数对应关系

十六进制	0	1	2	3	4	5	6	7
二进制	0000	0001	0010	0011	0100	0101	0110	0111
十六进制	8	9	A	B	C	D	E	F
二进制	1000	1001	1010	1011	1100	1101	1110	1111

二进制数转换为十六进制数：采用"四位一并"法。以小数点为基点，向左右两个方向将每四位二进制数并为一组，不足四位的用 0 补齐，然后按表的对应关系把每组转换为一位十六进制数码即可得到结果。

示例 1 – 11：$(100010.11)_2 = (\underline{0010}\ \underline{0010}.\ \underline{1100})_2 = (22.C)_{16}$

十六进制数转换为二进制数：采用"一分为四"法。以小数点为基点，向左右两个方向按表的对应关系用四位二进制数替换一位十六进制数码。

示例 1 – 12：$(22.C)_{16} = (0010\ 0010.\ 1100)_2 = (100010.11)_2$

1.2.2　英文符号信息的表示

英文符号包括大小写英文字母、英文标点符号、特殊符号以及作为符号使用的数字。英文符号在计算机内的编码在国际上一般采用美国信息交换标准代码（American Standard Code for Information Interchange，ASCII），简称 ASCII 码。ASCII 码是由美国国家标准学会（American National Standard Institute，ANSI）制定的标准的单字节字符编码方案，用于基于文本的数据。这种编码方法规定一个英文符号在计算机内部用 7 位指定的二进制代码串表示，比如大写字母"A"规定用"1000001"表示，实际存储时一个英文符号的二进制编码是八位（1 个字节），最高（左）位为 0。

ASCII 码规定了 0～9 十个数码、52 个大小写英文字母、32 个通用符号、34 个动作控制符共 128 个英文符号的二进制编码，这 128 个英文符号的二进制编码对应的十进制数范围是

0~127。计算机对英文符号进行排序，即是按照 ASCII 值大小进行比较。按 ASCII 值比较，数码符号小于大写英文字母，大写英文字母小于小写英文字母。英文字母按字母表中的顺序排列，ASCII 值由小到大。

ASCII 码中的数码只作符号使用，非数值，其二进制编码是指定的，不是用数制转换规则转换得到的。

1.2.3 汉字信息的表示

计算机内汉字信息的表示最早出现在 IBM、富士通、日立等计算机生产厂家的计算机中，各厂家采用的编码形式并不相同。为了通用性，国际标准化组织（ISO）、国际电子与电气工程师协会（IEEE）以及各个使用汉字的国家和地区，在计算机技术的发展过程中，制定了各种各样的汉字编码规则。

ISO 2022，全称 ISO/IEC 2022，是一个由国际标准化组织及国际电工委员会（IEC）联合制定，使用 7 位编码表示汉语文字、日语文字或朝鲜文字的方法。在 ISO/IEC 2022 的基础上，中国国家标准总局在 1980 年发布了《信息交换用汉字编码字符集》，标准号是 GB 2312—1980，简称 GB 2312。GB 2312 给出了汉字字符编码的国家标准，其基本字符集收入一级汉字 3 755 个、二级汉字 3 008 个共 6 763 个汉字，还有 682 个非汉字图形字符。整个字符集分成 94 个区，用 1~94 进行编号，称为区号；每区有 94 个位，用 1~94 编号，称为位号。每个区每位上只有一个汉字字符，因此可用区号和位号来对汉字字符进行编码，称为区位码。把换算成十六进制的区位码加上 2020H，得到国标码，国标码加上 8080H，就得到常用的计算机机内码。

GB 2312 于 1981 年 5 月 1 日开始实施，通行于中国大陆，新加坡等地也采用此编码。中国大陆几乎所有的中文系统和国际化的软件都支持 GB 2312。GB 2312 基本满足了汉字的计算机处理需要，它所收录的汉字已经覆盖中国大陆 99.75% 的使用频率。

在使用 GB 2312 的程序中，为了便于兼容 ASCII 码，每个汉字字符在计算机内的表示用两个字节来存储，第一个字节称为"高位字节"（也称"区字节"），第二个字节称为"低位字节"（也称"位字节"），每个字节的最高位为 1。

1995 年又颁布了《汉字编码扩展规范》（GBK）。GBK 与 GB 2312—1980 国家标准所对应的内码标准兼容，同时在字汇一级支持 ISO/IEC 10646—1 和 GB 13000—1 的全部中、日、韩（CJK）汉字，共计 20 902 字。

台湾、香港与澳门等繁体中文通行区采用的计算机内汉字编码标准是 Big 5 码。Big 5 码是使用繁体中文社群中最常用的计算机汉字字符集标准，共收录 13 060 个中文字。Big 5 码虽普及于繁体中文通行区，但长期以来并非当地的国家标准，而只是业界标准。倚天中文系统、Windows 等主要系统的字符集都是以 Big 5 码为基准，但厂商又各自增删，衍生成多种不同版本。这个最新版本被称为 Big 5－2003。

1.3 计算机系统

计算机系统由硬件系统和软件系统组成（图 1－7）。前者是借助电、磁、光、机械等原理构成的各种物理部件的有机组合，是系统赖以工作的实体。后者是各种程序和数据文件，用于指挥全系统按指定的要求进行工作。

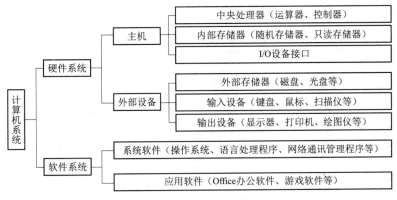

图 1 - 7　计算机系统的组成

1.3.1　冯·诺依曼型计算机

从 20 世纪初开始，物理学家和电子学家们就在争论制造可以进行数值计算的机器应该采用什么结构。人们被十进制这个人类习惯的计数方法所困扰。1945 年，美籍匈牙利数学家冯·诺依曼所在的 ENIAC 机研制小组发表了一个全新的存储程序通用电子计算机方案——ED-VAC，在这个过程中，诺依曼以"关于 EDVAC 的报告草案"为题，起草了长达 101 页的总结报告。报告广泛而具体地介绍了制造电子计算机和程序设计的新思想。这份报告是计算机发展史上一个划时代的文献，它向世界宣告：电子计算机的时代开始了。

冯·诺依曼大胆提出抛弃十进制，采用二进制作为数字计算机的数制基础并预先编制计算程序，由计算机按照人们事前制定的计算顺序来执行数值计算的工作思路。冯·诺依曼的思想被成功地运用在计算机的设计之中，根据这一原理制造的计算机被称为冯·诺依曼型计算机，世界上第一台冯·诺依曼型计算机是 1949 年研制的 EDVAC。

冯·诺依曼开创了现代计算机理论，其体系结构沿用至今，目前人们所用的计算机都是冯·诺依曼型计算机。因为冯·诺依曼对现代计算机技术的突出贡献，所以他又被称为"现代计算机之父"。

1.3.2　计算机工作原理

冯·诺依曼型计算机的硬件系统主要由运算器、控制器、存储器、输入设备和输出设备五大部件组成，其基本结构和工作流程如图 1 - 8 所示。存储器分为外部存储器和内部存储器。程序和数据通过输入设备输入计算机后以二进制编码方式先被存放到内部存储器中，运行或处理后会被长期存储在外部存储器中或通过输出设备输出，需要再次运行和处理时又会被放入内部存储器。

计算机运行时，先从内部存储器中取出第一条程序指令，通过控制器的译码，按指令的要求，从存储器中取出数据进行指定的运算和逻辑操作等加工，然后再按地址把结果送到内部存储器中。接下来，再取出第二条程序指令，在控制器的指挥下完成规定操作。依此进行下去。直至遇到停止指令。

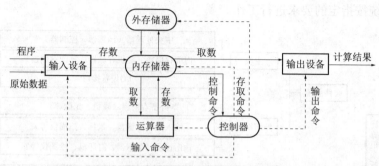

图1-8　计算机基本结构和工作流程

1.3.3　计算机硬件系统

计算机硬件是指计算机系统中由电子、机械和光电元件等组成的各种物理装置的总称。这些物理装置按系统结构的要求构成一个有机整体为计算机软件运行提供物质基础。其功能是输入并存储程序和数据，以及执行程序把数据加工成可以利用的形式并输出或存储起来。

微型计算机常见外观如图1-9所示，计算机硬件由主机箱和外部设备组成。主机箱内主要包括CPU、内存、主板、硬盘驱动器、光盘驱动器、各种扩展卡、连接线、电源等，如图1-10所示；外部设备包括鼠标、键盘、音箱等。

图1-9　微型计算机常见外观

图1-10　主机箱内部结构

1. CPU

CPU 是中央处理器（Central Processing Unit）的英文缩写，如图 1 - 11 所示，它是一块超大规模的集成电路，主要由运算器、控制器和寄存器以及实现它们之间联系的数据、控制及状态的总线等组成。CPU 是一台计算机的运算中心和控制中心，其主要功能是解释计算机指令以及处理计算机软件中的数据。CPU 中的控制器是计算机硬件系统的指挥和控制中心，负责在系统运行时，发出各种控制信号，指挥系统各部分有条不紊地工作；CPU 中的运算器负责执行加、减、乘、除算术运算，以及与、非、或、移位等逻辑运算。

CPU 的技术指标：

主频：也叫时钟频率，单位是兆赫（MHz）或千兆赫（GHz），表示在 CPU 内数字脉冲信号震荡的速度，即 CPU 内核工作的时钟频率。通常，主频越高，CPU 处理数据的速度就越快。

字长：是指 CPU 一次处理的二进制数的位数。一般有 32 位、64 位。字长决定运算精度；同时，字长越大，意味着同样的时间计算机可以处理的数据量越多，速度也就越快。

外频：是 CPU 与主板之间同步运行的速度，单位是兆赫（MHz）。CPU 的外频决定着整块主板的运行速度。

倍频系数：是指 CPU 主频与外频之间的相对比例关系。在相同的外频下，倍频越高 CPU 的频率也越高。

总线频率：数据传输的速度，即 CPU 与内存数据交换的速度。

缓存大小：CPU 中的缓存是一个数据存储的缓冲区，它的运行一般和处理器同频，工作效率远远大于系统内存和硬盘。实际工作时，CPU 往往需要重复读取同样的数据块，而缓存容量的增大，可以大幅度提升 CPU 内部读取数据的命中率，而不用再到内存或硬盘上寻找，可以提高系统性能。

说明：主频和实际的运算速度存在一定的关系，但并非简单的线性关系。CPU 的运算速度还要视 CPU 的流水线、总线等各方面的性能指标而定。

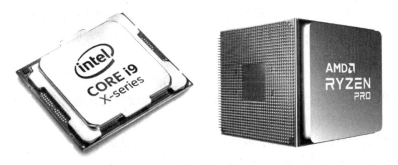

图 1 - 11　CPU

2. 存储器

存储器是实现计算机记忆功能的部件，分为内部存储器和外部存储器，用于存放程序和数据。存储器的存储空间由存储单元组成，每个单元存放 8 位（bit）二进制数，称为一个字节（Byte）。

存储器的全部存储单元按一定顺序编号，这种编号称为存储器的地址。当访问内存时，来自地址总线的存储器地址经地址译码后，选中指定的存储单元，而读写控制电路根据读写命令实施对于存储器的读写操作，数据总线则用于传送进出内存的信息。

存储器的主要技术指标：

存储容量：指存储器存储单元的数量，单位有 B（字节）、KB（千字节）、MB（兆字节）、GB（吉字节）、TB（太字节）等。

存储单位换算：

1B = 8bit　　　　　　1KB = 1 024B　　　　　　1MB = 1 024KB

1GB = 1 024MB　　　　1TB = 1 024GB

1）内部存储器

内部存储器简称内存或主存，是 CPU 能直接寻址的存储空间，由半导体器件制成，包括随机存储器（Random Access Memory，RAM）、只读存储器（Read Only Memory，ROM）以及高速缓冲存储器（Cache）。

随机存储器如图 1 - 12 所示，是既可以从中读取数据也可以写入数据的内存，是最重要的内存。当计算机电源关闭时，存于 RAM 中的数据就会丢失。通常所说的计算机的内存如无特别说明一般是指 RAM。内存条是将 RAM 集成块集中在一起的一小块电路板，它插在计算机中的内存插槽上。目前市场上常见的内存条容量有 4GB、8GB 等。

图 1 - 12　随机存储器

只读存储器在制造的时候，信息（数据或程序）就被存入并永久保存。这些信息只能读出，一般不能写入，即使停电，这些数据也不会丢失。ROM 一般用于存放计算机的基本程序和数据，如 BIOS ROM。其物理外形一般是双列直插式的集成块。

高速缓冲存储器简称缓存，是数据交换的缓冲区，当某一硬件要读取数据时，会首先从缓存中查找需要的数据，如果找到，则直接执行；如果找不到，则从内存中找。缓存的运行速度比内存快得多，故缓存的作用就是帮助硬件更快地运行。最快的缓存是 CPU 上的 L1 和 L2 缓存，显卡的显存是给显卡运算芯片用的缓存，硬盘上也有 64M 或者更大的缓存。

2）外部存储器

外部存储器简称外存，用于长期或永久保存程序和数据信息。外存与内存相比容量要大得多，但外存的访问速度远比内存要慢，所以计算机的硬件设计都是规定 CPU 只从内存取出指令执行，并对内存中的数据进行处理，以确保指令的执行速度。当需要时，系统将外存中的程序或数据成批地传送到内存，或将内存中的数据成批地传送到外存。外存上的信息主要由操作系统进行管理，外存通常只和内存进行信息交换。

常见的外存有硬盘、光盘、U 盘等。

（1）硬盘。

硬盘是计算机主要的存储器，硬盘驱动器既属于输出设备，也属于输入设备。主流消费市场中的硬盘分为两种：机械硬盘和固态硬盘。

①机械硬盘。

机械硬盘简称 HDD，由一组表面涂有磁性物质的圆盘片组成，圆盘片表面被划分为若干个同心圆，这些同心圆被称为磁道并用数字编号，每个磁道又被等分为若干个扇区，传统上每个扇区存放 512 个字节的信息，较新的扇区技术可以存放 4 096 个字节。机械硬盘和硬盘驱动器如图 1 – 13 所示。对盘片上信息的读写需要通过硬盘驱动器，盘片被永久性地密封固定在硬盘驱动器中，通常我们所说的硬盘是包含硬盘驱动器在内的。硬盘驱动器中对于硬盘的每张盘片的两个记录面都有相应的读写磁头，盘片高速旋转时，磁头从盘片的扇区中读写信息。

机械硬盘的主要技术指标：

存储容量：硬盘存储容量 = 单张圆盘片容量 × 圆盘片数。硬盘容量当然是越大越好了，可以装入更多的数据。

转速：是指硬盘片在主轴带动下每分钟的旋转速度。转速越大，硬盘的数据传输率越高。若转速太高的时候，硬盘发热量增加，会影响工作的稳定性。所以从理论上说，在技术成熟的条件下，硬盘的转速越高越好。

图 1 – 13　机械硬盘和硬盘驱动器

②固态硬盘。

固态硬盘简称 SSD，是用固态电子存储芯片阵列制成的硬盘，由控制单元和存储单元（Flash 芯片）以及缓存单元组成。固态硬盘使用 Flash 作为存储介质，数据读取写入通过控制器进行寻址，不需要机械操作，有着优秀的随机访问能力。

固态硬盘主体其实就是一块 PCB 板，控制芯片、存储芯片和缓存芯片通过电路连接而分布在 PCB 板上。因为固态硬盘没有机械结构，因此它的外观可以被制作成多种样式。目前常见的形态有 U. 2、M. 2、SATA 等，M. 2 固态硬盘如图 1 – 14 所示。

图 1 – 14　M. 2 固态硬盘

（2）光盘。

光盘是以光信息作为存储载体的一种计算机辅助存储器，可以存放各种文字、声音、图形、图像和动画等多媒体数字信息，如图 1-15（a）所示。光盘分不可擦写光盘（如 CD-ROM、DVD-ROM 等）和可擦写光盘（如 CD-RW、DVD-RAM 等）。对光盘上信息的读写需要通过光盘驱动器，简称光驱，如图 1-15（b）所示。光盘驱动器利用激光原理对光盘的信息进行读写。

光驱的主要技术指标：

倍速：指光驱的数据传输速度。在制定 CD-ROM 标准时，把 150Kbit/s 的传输率定为标准，后来驱动器的传输速率越来越快，就出现了倍速、4 倍速直至现在的 24 倍速、32 倍速或者更高，32 倍速 CD-ROM 驱动器理论上的传输率是：$150 \times 32 = 4\ 800$Kbit/s。

（a）　　　　　　　　　　　（b）

图 1-15　光盘和光驱

（a）光盘；（b）光驱

（3）U 盘。

U 盘，全称 USB 闪存驱动器，英文名"USB Flash Drive"，如图 1-16 所示。它是一种使用 USB 接口（一种新型的外设连接技术，一般的个人计算机主机箱上会有 2~6 个 USB 接口，带有 USB 插头的外部设备可以即插即用）的不需要使用物理驱动器的微型高容量移动存储产品，通过 USB 接口与计算机连接，实现即插即用。U 盘的称呼最早来源于朗科科技生产的一种新型存储设备，名曰"优盘"，使用 USB 接口进行连接。U 盘连接到计算机的 USB 接口后，U 盘的资料可与计算机交换。而之后生产的类似技术的设备由于朗科已进行专利注册，而不能再称为"优盘"，而改称谐音的"U 盘"。后来，U 盘这个称呼因简单易记而广为人知，是一种普遍使用的移动存储设备。

图 1-16　U 盘

3. 主板

CPU 和内存合称为主机，主机及其附属电路都装在主板（图 1-17）上。主板又叫主机板、系统板或母板，它安装在机箱内，是微机最基本的也是最重要的部件之一。主板一般为矩形电路板，上面安装了组成计算机的主要电路系统，一般有 BIOS 芯片、I/O 控制芯片、键和面板控制开关接口、指示灯插接件、扩充插槽、主板及插卡的直流电源供电接插件等元件。

主板采用了开放式结构，上面大都有 6 ~ 15 个扩展插槽，供计算机外围设备的控制卡（适配器）插接。通过更换这些控制卡，可以对计算机的相应子系统进行局部升级，使厂家和用户在配置机型方面有更大的灵活性。主板在整个计算机系统中扮演着举足轻重的角色，它的类型和档次决定着整个计算机系统的类型和档次。它的性能影响着整个计算机系统的性能。

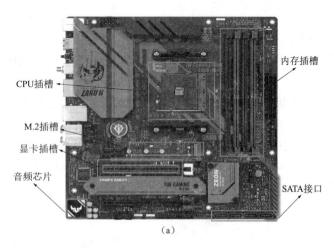

（a）

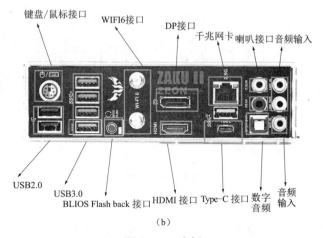

（b）

图 1 - 17　主板

（a）主板结构；（b）主板侧边接口示意

4. 接口卡

当要对计算机的硬件设备进行扩充时，通常要在主板的扩充插槽上插入对应的接口卡（图 1 - 18），通过接口卡把新设备连到主板上。接口卡内置有适配器。计算机中的适配器就是一个接口转换器，它是一个独立的硬件接口设备，允许硬件或电子接口与其他硬件或电子接口相连。

计算机中常见的接口卡有网卡、声卡、显卡等。现在的主板上一般内置有常见设备的接口卡，不需要再另外购买和安装。

图1-18 接口卡

5. 输入设备

输入设备接收用户输入的各种数据、程序或指令，然后将它们经设备接口传送到计算机的存储器中。常见的输入设备有键盘、鼠标、扫描仪、摄像头、数码相机、话筒等。

1) 键盘

键盘是最常用也是最主要的输入设备，如图1-19所示，通过敲击键盘的按键可以将英文字母、数字、标点符号等输入计算机中，从而实现向计算机发出指令、输入数据等。标准键盘一般有101个按键或104个按键。键盘上的按键布局是按人类的英文使用习惯和按键功能设计的，分为多个区，一般有主键盘区、功能键区、编辑键区、辅助键区（也称数字键区）。键盘按键的敲击需按一定的指法进行。

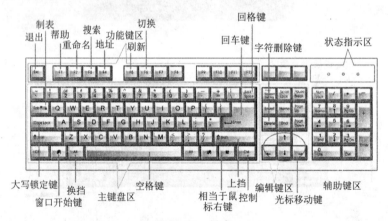

图1-19 键盘

2) 鼠标

鼠标是一种很常用的输入设备，如图1-20所示，用户可以通过移动鼠标对当前屏幕上的鼠标箭头进行定位，并通过鼠标器上的按键和滑轮对鼠标箭头所经过位置的屏幕元素进行操作。鼠标按工作原理的不同可分为机械鼠标和光电鼠标。

鼠标有移动、单击、双击和拖动4种基本操作。

6. 输出设备

输出设备将主存储器中的信息或程序运行结果传送到计算机外部，提供给用户查看。常见的输出设备有显示器、打印机、绘图仪、音箱等。

图 1-20　鼠标

1）显示器

显示器通常也被称为监视器，它可以将人们通过输入设备输入主存中的信息或是经过计算机处理的结果显示在屏幕上。

按成像原理分，计算机的显示器可以分为 CRT 显示器（阴极射线管显示器）和 LCD 显示器（液晶显示器）两大类，如图 1-21 所示。CRT 显示器分辨率高，色彩丰富，技术成熟，使用寿命长，但是体积大、耗电大、辐射大，已逐渐被淘汰。LCD 显示器体积小、质量轻、图像清晰、成像稳定、辐射小，是主流显示器。

显示器的主要技术指标如下：

分辨率：是指单位距离显示像素的数量。单位：像素/英寸（ppi）。屏幕尺寸相同的情况下，分辨率越高，显示效果就越精细和细腻。

色彩深度：简单说就是最多支持多少种颜色。一般是用"位"来描述。显示器的色彩深度一般有 16 位和 24 位。色彩深度位数越高，颜色就越多，所显示的画面色彩就越逼真，但是当颜色深度增加时，它也加大了图形加速卡所要处理的数据量。

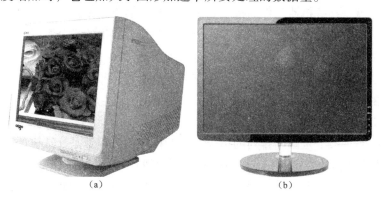

（a）　　　　　　　　　　　　（b）

图 1-21　显示器
（a）CRT 显示器；（b）LCD 显示器

2）打印机

打印机（图 1-22）是计算机的输出设备之一，用于将计算机处理结果打印在纸张介质上。按工作方式分，打印机分为针式打印机、喷墨打印机、激光打印机。

针式打印机通过打印机针头和纸张的物理接触来打印字符图形，噪声大、速度慢、质量差，现在已逐渐被淘汰，只有少数场所可见。

喷墨打印机将字符或图形分解为点阵，用打印头上许多精细的喷嘴直接将墨水喷射到打印纸上。喷墨打印机价格较低、打印时噪声小、打印质量接近激光打印机，但打印耗材价格高，是中低端市场的主流。

激光打印机利用激光扫描技术将计算机输出的字符、图形转换为点阵信息，再利用类似静电复印原理的电子照相技术将墨粉中的树脂融化并固定在打印纸上。激光打印机打印时噪声小、打印质量高、速度快，但设备价格高，主要面向中高端市场。

(a)　　　　　　　　　(b)　　　　　　　　　(c)

图1-22　打印机

(a) 针式打印机；(b) 彩色喷墨打印机；(c) 激光打印机

1.3.4　计算机软件系统

仅由硬件组成、没有安装任何软件的计算机被称为"裸机"。"裸机"安装上所需的软件后才能工作，这时才构成一个完整的计算机系统。

计算机软件是指计算机系统中的程序及数据文件。软件是用户与硬件之间的接口界面。用户主要是通过软件与计算机进行交流。

1. 与软件有关的基本概念

1）指令与指令系统

计算机指令就是指挥机器工作的指示和命令，控制器靠指令指挥计算机工作。

一台计算机所能执行的各种不同指令的全体，叫作计算机的指令系统，每台计算机均有自己的特定的指令系统，其指令内容和格式有所不同。

通常，一条指令包括两方面的内容：操作码和操作数，操作码决定要完成的操作，操作数指参加运算的数据及其所在的单元地址。

2）程序与程序设计

程序就是一系列按一定顺序排列的指令，执行程序的过程就是计算机的工作过程。

程序设计是给出解决特定问题程序的过程。程序设计过程包括分析、设计、编码、测试、排错等不同阶段。程序设计往往以某种程序设计语言为工具，给出这种语言下的程序。

3）程序设计语言

人类相互交流使用人类语言，人类和计算机交流使用计算机语言，计算机语言也称为程序设计语言，是用于编写计算机程序的规则。程序设计语言分为机器语言、汇编语言和高级语言三大类。

（1）机器语言。

机器语言编写的程序是二进制0、1代码指令集合，也称目标程序，可以被计算机直接

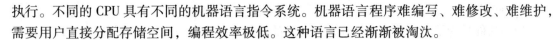

执行。不同的 CPU 具有不同的机器语言指令系统。机器语言程序难编写、难修改、难维护，需要用户直接分配存储空间，编程效率极低。这种语言已经渐渐被淘汰。

（2）汇编语言。

汇编语言指令是机器指令的符号化，需转换为二进制代码后才能被计算机执行。汇编语言指令与机器指令存在着直接的对应关系，所以同样存在着难学难用、容易出错、维护困难等缺点。其优点是可直接访问系统接口、翻译成的机器语言程序的效率高。一般来说，只有在高级语言不能满足设计要求，或不具备支持某种特定功能的技术性能（如特殊的输入输出）时，才会使用汇编语言。

（3）高级语言。

高级语言是面向用户、基本上独立于计算机种类和结构的语言。其最大的优点是形式上接近于算术语言和自然语言，概念上接近于人们通常使用的概念。高级语言的一个命令可以代替几条、几十条甚至几百条汇编语言的指令。因此，高级语言易学易用，通用性强，应用广泛。高级语言指令也必须转换为二进制代码后才能被计算机执行。高级语言的种类非常多，大学理工科专业常开设的高级语言课程有 C、C ++ 、Visual Basic、Visual C#、Java 等。

2．计算机软件分类

计算机软件总体上分为系统软件和应用软件两大类。

1）系统软件

系统软件是指控制和协调计算机各部分设备工作、支持应用软件开发和运行的软件，是不需要用户干预的各种程序的集合。系统软件使用户和其他软件将计算机当作一个整体而不需要顾及底层的每个硬件是如何工作的。

系统软件主要包括操作系统、语言处理程序和实用程序。

（1）操作系统。

操作系统是最重要、最基本的系统软件，是计算机工作必不可少的软件。一台计算机必须最少安装一种操作系统才能工作。操作系统是最底层的软件，它控制所有计算机运行的程序并管理整个计算机的资源，是计算机裸机与应用程序及用户之间的桥梁。没有它，用户也就无法使用某种软件或程序。

常见的操作系统有 Windows、MAC OS、Unix、Linux 和 iOS、Android 等。

（2）语言处理程序。

计算机只能直接识别和执行机器语言的指令，语言处理程序的作用是把用汇编语言或高级语言编写的指令转换为用二进制代码表示的机器语言指令。语言处理程序包括汇编程序、解释程序和编译程序。

汇编程序：把用汇编语言书写的源程序转换为二进制代码的目标程序。

解释程序：把用高级语言书写的源程序转换为二进制代码，转换一句，执行一句，不产生目标程序。

编译程序：把用高级语言书写的源程序转换为二进制代码的目标程序。

（3）实用程序。

实用程序是机器维护、软件开发所必需的软件工具，主要包括编辑程序、连接装配程序、调试程序、诊断程序、程序库等。

2）应用软件

应用软件是为了某种特定的用途而被开发的软件。计算机的应用领域很广，所以应用软件的种类非常繁多，用途相同的应用软件往往会有很多个。

较常见的应用软件有：

文字处理软件，如 Word、WPS 等。

聊天软件，如腾讯 QQ。

网页浏览软件，如 Internet Explorer 浏览器、Chrome 浏览器等。

绘图软件，如 AutoCAD。

1.3.5 计算机性能评价指标

一个完整的计算机系统由硬件系统和软件系统两个子系统组成，每个子系统又由多个部分组成，每个组成部分都有自己的技术指标，评价一台计算机的性能必须综合各个组成部分的性能参数才能得出客观的结论。

评价计算机的性能指标主要有：

（1）运算速度：是一项综合性指标，单位为 MIPS（百万条指令/秒）。影响运算速度的因素，主要是 CPU 主频和存储器存取周期（存储器连续两次独立的"读"或"写"操作所需的最短时间），CPU 字长和存储容量也有影响。

（2）计算机的兼容性：包括数据和文件的兼容、程序兼容、系统兼容和设备兼容。

（3）系统的可靠性：用平均无故障工作时间 MTBF 衡量。

（4）系统的可维护性：用平均修复时间 MTTR 衡量。

（5）计算机允许配置的外部设备的最大数目。

（6）计算机系统的图形图像处理能力。

（7）音频输入/输出质量。

（8）数据库管理系统及网络功能等。

（9）性能/价格比（性价比）：是一项综合性评价指标。

1.3.6 图灵机

图灵机又称图灵计算、图灵计算机，是由数学家阿兰·麦席森·图灵（1912—1954 年）在 1936 年提出的一种抽象计算模型。阿兰·麦席森·图灵 1912 年 6 月 23 日生于英国伦敦，是英国著名的数学家和逻辑学家，被称为计算机科学之父、人工智能之父，是计算机逻辑的奠基者，提出了"图灵机"和"图灵测试"等重要概念。美国计算机协会（ACM）为纪念其在计算机领域的卓越贡献，1966 年设立了图灵奖，专门奖励那些对计算机事业做出重要贡献的个人。"图灵奖"是计算机界最负盛名、最崇高的一个奖项。

图灵的基本思想是用一个虚拟的机器来模拟人们用纸笔进行数学运算的过程，他把这样的过程看作两种简单的动作：在纸上写上或擦除某个符号；把注意力从纸的一个位置移动到另一个位置。在每个阶段，人要决定下一步的动作，依赖于此人当前所关注的纸上某个位置的符号和此人当前思维的状态。

为了模拟人的这种运算过程，图灵构造出一台假想计算机，即简单图灵机（图 1-23），该计算机由以下几部分组成：

（1）一条无限长的纸带。纸带被划分为一个接一个的小格子，每个格子上包含一个来自有限字母表的符号，字母表中有一个特殊的符号表示空白。纸带上的格子从左到右依次被编号为：0，1，2，…。纸带的右端可以无限伸展。

（2）一个读写头。该读写头可以在纸带上左右移动，它能读出当前所指的格子上的符号，并能改变当前格子上的符号。

图 1-23　简单图灵机

（3）一套控制规则。它根据当前机器所处的状态以及当前读写头所指的格子上的符号来确定读写头下一步的动作，并改变状态寄存器的值，令机器进入一个新的状态。

（4）一个状态寄存器。它用来保存图灵机当前所处的状态。图灵机的所有可能状态的数目是有限的，并且有一个特殊的状态，称为停机状态。

这个机器的每一部分都是有限的，但它有一个潜在的无限长的纸带，因此这种机器只是一个理想的设备。图灵认为这样的一台机器就能模拟人类所能进行的任何计算过程。

图灵机是假想的"计算机"，完全没有考虑硬件状态，考虑的焦点是逻辑结构。图灵后来进一步设计出被人们称为"通用图灵机"的模型，如图 1-24 所示，让图灵机可以模拟其他任何一台解决某个特定数学问题的图灵机的工作状态。图灵甚至还想象在带子上存储数据和程序。"通用图灵机"实际上就是现代通用计算机的最原始的模型。在图灵机中可以隐约看到现代计算机主要构成（其实就是冯·诺依曼理论的主要构成）：存储器（相当于纸带）、中央处理器（控制器及其状态，并且其字母表可以仅有 0 和 1 两个符号）、I/O 系统（相当于纸带的预先输入）。

图 1-24　通用图灵机模型

图灵机的意义与思想内涵：

（1）肯定了计算机实现的可能性，并给出了计算机应有的主要结构。

（2）引入了读写、算法与程序语言的概念。

（3）图灵机模型理论是计算学科最核心的理论，因为计算机的极限计算能力就是通用图灵机的计算能力，很多问题可以转化到图灵机这个简单的模型来考虑。

1.4　Windows 10 使用基础

Windows 10 是微软公司于 2015 年 7 月发布的操作系统。操作系统（Operating System，OS）是最基本的系统软件，用来管理计算机软硬件资源，控制和协调并发活动，实现信息的存储和保护，为用户提供使用计算机的便捷形式。操作系统是计算机系统的核心，任何软件都必须在操作系统的支持下才能运行。

启动 Windows 10 后，用户首先看到的屏幕界面就是桌面，如图 1 - 25 所示，桌面由桌面背景、桌面图标、开始按钮、任务栏等组成。

图 1 - 25　Windows 10 桌面

本节主要介绍 Windows 10 的管理文件和文件夹的功能以及控制面板的使用。

1.4.1　管理文件和文件夹

Windows 10 是一个面向对象的文件管理系统，它可把所有的软硬件资源按照文件或文件夹的形式来表示，管理文件和文件夹就是管理整个计算机系统，通常可以通过 Windows 中的"此电脑（或文件资源管理器）"来对计算机进行统一的管理和操作。

"此电脑（或文件资源管理器）"可帮助用户进行导航，使用户更轻松地管理文件和文件夹。Windows 10"此电脑（或文件资源管理器）"窗口组成如图 1 - 26 所示。

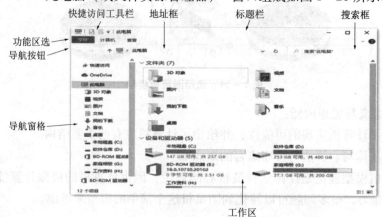

图 1 - 26　"此电脑（或文件资源管理器）"窗口组成

1. 文件

计算机文件是存储在存储介质中的指令或数据的集合，是计算机系统中最小的数据构成单位。Windows 10 基本的存储单位、用户使用和创建的文档都是文件，文件一般具有以下属性：

（1）文件可以存放文本、声音、图像、视频和数据等信息。

（2）文件名的唯一性，同一个磁盘的同一个目录下不允许有重复的文件名。

（3）文件具有可转移性，文件可以从一个磁盘上复制到另一个磁盘上或从一台计算机上复制转移到另一台计算机上。

（4）文件在磁盘中有固定的位置，用户和应用程序要写文件时必须提供文件的路径，路径一般由存放文件的磁盘驱动名、文件夹名序列和文件名组成。

2. 文件名

在计算机系统中为了识别文件，每个文件都有一个文件名。整个文件名由主文件名和扩展名两部分组成，中间用"."分隔。主文件名由用户取，一般与文件的内容相关，扩展名表示文件的类型，有些文件名的扩展名可以省略。例如，文件名 readme. txt 的主文件名为 readme，表示需要用户在操作前阅读此文件，扩展名为 txt，表示此文件是文本文件。

主文件名：文件命名时要尽量做到知名达意，简洁，同时必须遵守以下规则：

（1）主文件名使用的字符不能超过 255 个。

（2）文件名除开头之外，任何地方都可以使用空格。

（3）文件名中不能包含"\""/"":"" * ""?"（英文右引号）"<"">""|"等符号。

（4）Windows 10 文件名不区分大小写，但在显示时可以保留大小写格式。

（5）文件名中可以包含多个间隔符。

文件的扩展名：文件的扩展名用来表示文件的类型，不同类型的文件在 Windows 10 中对应不同的文件图标。

用户可以根据文件扩展名判断文件的类型。一般情况下用户在将文件存盘时应用程序会自动给文件添加相应的扩展名，用户也可以根据自己的特定需要，选定文件的扩展名。常见的文件类型及其对应的扩展名见表1－3。

表1－3　常见文件类型和扩展名

文件类型	扩展名
影像文件	avi
位图文件	bmp
Word 文档	doc，docx
Excel 电子表格	xls，xlsx
PowerPoint 文件	ppt，pptx

3. 文件夹

Windows 10 中的文件夹是容器，用于存放程序文档、快捷方式和其他文件夹。文件夹中的文件夹称为子文件夹。文件夹被打开时是以窗口的形式呈现文件夹中的内容,用户可以将自己的文件或文件夹存放在其中。

1.4.2 控制面板

控制面板是一个虚拟文件夹,其中放置 Windows 10 操作系统程序。利用这些程序用户可以完成对系统中硬件和软件的安装配置,设置自己的 Windows 10 操作系统,直接按照自己的喜好方式来运行、管理计算机。

1. 打开控制面板

启动控制面板的方法:单击"开始"按钮,在打开的开始菜单找到"Windows 系统"选项,从子列表中选择"控制面板"。

控制面板窗口如图 1-27 所示。

图 1-27　控制面板窗口

2. 使用控制面板

控制面板的类别查看方式是将控制面板中的程序按功能划分为不同类别,即在每个类别下执行相关的任务。本节通过这种查看方式详细介绍如何使用控制面板来完成系统的配置。

1)网络和 Internet

通过网络和 Internet 功能,用户可以查看网络连接、设置宽带连接和无线连接,从而使用计算机上网的功能。

在控制面板窗口中单击"网络和 Internet"按钮,在打开的窗口中单击"网络和共享中心"按钮,打开"网络和共享中心"窗口,如图 1-28 所示。

查看当前网络连接:单击左侧的"更改适配器设置"按钮会显示计算机系统中当前可用的网络连接,如图 1-29 所示。

创建新的网络连接:在图 1-28(b)所示的窗口中单击"设置新的连接或网络"按钮,打开"设置连接或网络"窗口,如图 1-30 所示。

选择"连接到 Internet 选项",单击"下一步"按钮,可以设置宽带连接。选择"设置新连接",图 1-31 窗口显示了可创建新的网络连接种类。

（a）　　　　　　　　　　　　　（b）

图 1 - 28　网络和 Internet

（a）单击"网络和 Internet"按钮后的窗口；（b）"网络和共享中心"窗口

图 1 - 29　当前可用的网络连接

图 1 - 30　设置连接或网络窗口

创建无线连接：在图 1 - 31 中选择"无线"命令，在任务栏的任务通知区，单击"搜索到的无线连接"按步骤输入密码，即可通过此无线连接上网。

创建宽带连接：在图 1 - 31 中选择"宽带"命令，按提示输入 Internet 服务商提供的用户名和密码后，即可创建宽带连接。

2）程序

当用户希望查看安装信息写入注册表的程序或卸载不再使用的程序时，选择"程序"选项会打开"程序"窗口，如图 1 - 32 所示。

程序和功能：程序和功能部分用来帮助用户管理安装到计算机的软件，如对软件的卸

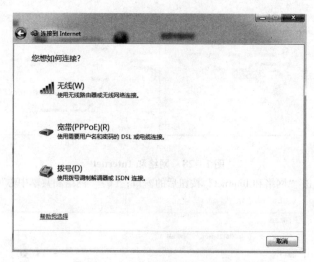

图1-31　可创建的网络连接种类

图1-32　"程序"窗口

载、更改或修复，如图1-33所示，该窗口中的工作区显示的是系统当前安装完毕的软件，用户可以在选定程序后，进行相应操作。

图1-33　"程序和功能"窗口

3）外观和个性化

如果用户希望自己的 Windows 系统体现自己的个性，可以利用"外观和个性化"设置完成。"外观和个性化"窗口如图 1－34 所示。

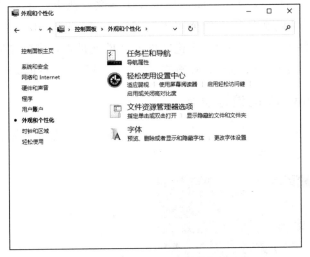

图 1－34　"外观和个性化"窗口

任务栏和导航：可以个性化设置背景、颜色、锁屏界面、主题、字体、开始菜单、任务栏等。

设置背景：桌面背景也称为壁纸，可以是个人收集的图片、Windows 提供的图片、纯色或带有颜色框架的图片。可以选择一幅图片作为桌面背景，或者显示幻灯片中的图片。

文件资源管理器选项：单击"外观和个性化"窗口中的"文件资源管理器选项"可打开如图 1－35 所示的"文件资源管理器选项"对话框，用户可以在此设置对文件夹的操作。

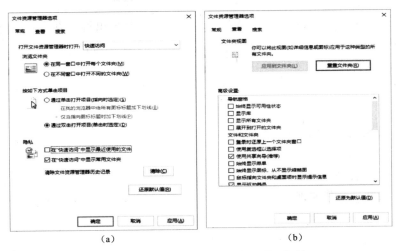

（a）　　　　　　　　　　　　（b）

图 1－35　"文件资源管理器选项"对话框
（a）常规选项卡；（b）查看选项卡

"常规"选项卡："常规"选项卡用来设置用户对文件夹的常规操作。"浏览文件夹"选项区域用于指定是否为多个不同的文件打开一个窗口或多个窗口，"按如下方式单击项目"选项区用于指定用户单击还是双击打开文件或文件夹。

"查看"选项卡："查看"选项卡用来设置显示文件或文件夹的方式。在"高级设置"列表框中可以设置文件或文件夹是否显示。选中"隐藏已知文件类型的扩展名"复选框时，显示文件名时只保留文件主文件名，而不显示其扩展名。选中"不显示隐藏的文件或文件夹"时，具有隐藏属性的文件或文件夹将不可见，如 Windows 10 的重要系统文件。选择"显示所有文件和文件夹"复选框时，不论文件或文件夹是否具有隐藏属性都将显示。选中"在标题栏中显示完整路径"复选框，在查看文件时会显示该文件的完整路径。

1.4.3　Windows 10 的设置功能

Windows 10 的设置功能如图 1 – 36 所示。单击"开始"按钮，在左侧的按钮列表中选择"设置"，打开"设置"窗口。

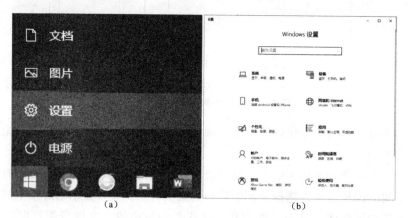

图 1 – 36　Windows 10 的设置功能
（a）开始菜单左侧按钮列表；（b）设置窗口

"设置"窗口中大部分选项和控制面板中的一样，但是列出得更直接，控制面板中的大部分设置功能也可以通过"设置"窗口来完成。在"设置"窗口中可以对显示器、声音、剪贴板、语言等进行设置。

习题

1. 简述计算机发展的四个阶段。
2. 简述计算机的特点。
3. 简述计算机有哪些应用领域。
4. 简述计算机的工作原理。

第 2 章　文字处理软件

2.1　Word 2016 概述

Word 2016 是 Microsoft 公司开发的 Office 2016 办公组件的核心程序之一，主要用于文字处理。它的功能十分强大，可以用于日常办公文档、文字排版工作、数据处理、建立表格、制作简单网页、办公软件开发等，还可以直接打开并编辑 PDF 文件并将其保存成 PDF 文件。

2.1.1　Word 2016 的启动与退出

1. Word 2016 的启动

（1）如果桌面上有 Microsoft Word 图标，则双击该图标，即可进入 Word 2016 工作窗口。

（2）如果桌面上没有 Microsoft Word 图标，单击"开始"按钮，在应用程序列表中找到"Word 2016"并单击，即可启动 Word 2016。

（3）双击已建立的 Word 2016 文档。

2. Word 2016 的退出

（1）单击 Word 2016 窗口右上角的"关闭"按钮。

（2）单击"文件"菜单中的"关闭"命令。

2.1.2　Word 2016 的工作窗口

成功启动 Word 2016 后，屏幕会出现如图 2 - 1 所示的 Word 2016 工作窗口，这是用户进行文字处理的编辑环境。

1. 标题栏

显示正在编辑的文档的文件名以及所使用的软件名。

2. 快速访问工具栏

在默认情况下，快速访问工具栏位于标题栏的最左侧，用于放置"命令"按钮，使用户可以快速启动经常使用的命令。默认情况下，系统会放置"保存""撤销"与"重复"三个命令按钮。单击右边的"下拉三角"按钮，可以通过添加或删除命令按钮自定义快速访问工具栏，如图 2 - 2 所示。

3. "文件"选项卡

选项卡位于标题栏的下方。"文件"选项卡在最左侧，包含"新建""打开""另存为""打印"和"关闭"等基本命令。"文件"选项卡右侧有"开始""插入""设计""布局""引用""邮件""审阅""视图"等选项卡。

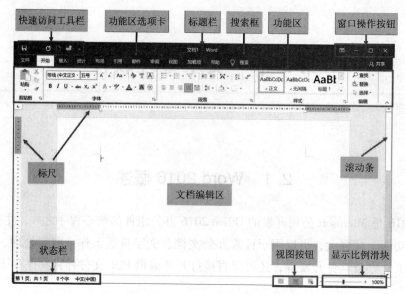

图2-1 Word 2016 工作窗口

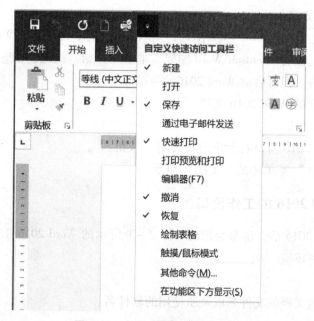

图2-2 自定义快速访问工具栏

4. 功能区

在 Word 2016 工作窗口上方看起来像菜单的名称其实是功能区的名称，单击功能区选项卡的名称会切换到与之相对应的功能区面板，工作时需要用到的命令位于此处。它与其他软件中的"菜单"或"工具栏"相同。

5. "Tell Me"搜索框

"Tell Me"（告诉我你想要做什么）是全新的 Office 助手。在功能区最右边可以看到一个"搜索"，即"Tell Me"，单击搜索框输入关键字或短语可以获得联机帮助内容，搜索框会给出相关功能和命令，这些都是标准的 Office 命令，直接单击即可执行该命令。例如，搜

索"打印"可以看到 Office 给出的打印相关命令。

6. 标尺

标尺位于编辑区的上方（水平标尺）和左侧（垂直标尺）。利用标尺可以查看或设置页边距、表格的行高、列宽及插入点所在的段落缩进等。可通过勾选"视图"选项卡"显示"组中的"标尺"复选框，来显示或隐藏标尺。

7. 文档编辑区

文档编辑区位于编辑区的中央，显示出正在编辑的文档。

8. 滚动条

滚动条分为水平滚动条（底侧）和垂直滚动条（右侧）。可用于更改正在编辑的文档的显示位置。

9. 状态栏

状态栏位于窗口的最底端，用于显示正在编辑的文档的相关信息，如当前页码、总页数和字数等。

10. 视图按钮

视图按钮位于状态栏右侧，主要用来切换文档视图模式。用户也可以在"视图"选项卡中选择需要的文档视图模式。

11. 显示比例滑块

显示比例滑块位于状态栏最右侧，主要用来调整页面的显示比例，其调整范围为 10% ~ 500%。显示比例仅仅调整文档窗口的显示大小，并不会影响实际的打印效果。

2.2　文档的基本操作和文本编辑

2.2.1　文档的基本操作

1. 创建新的 Word 文档

1）使用模板创建文档

默认情况下，Word 2016 程序在打开的时候即自动呈现如图 2 – 3 所示的"新建"页面，该页面中会显示固定的模板样式以及最近使用的模板文稿样式。在该页面选择所需的模板如"空白文档"之后即可新建一个空白文档。

除了通用型的空白文档模板，Word 2016 中还内置了多种文档模板，如书法字帖模板、各种简历模板等。单击"更多模板"选项，会显示更多模板列表，选择相应的模板可以看到其相关信息的介绍，单击"创建"按钮，即可创建一个使用选中的模板创建的文档，用户可以在该文档中进行编辑。此外，还可以在"搜索联机模板"搜索框中输入关键字，单击搜索图标后可获得更多在线模板。

在新建模板列表中单击模板名称后面的📌按钮，即可将该模板固定在新建列表中，便于下次使用。

2）新建空白文档

用户如果需要再次新建一个空白文档，则可以单击"文件"命令，同样在打开的"新建"页面中单击"空白文档"即可。也可以单击快速访问工具栏中的"新建空白文档"命令，即可快速新建一个空白文档。

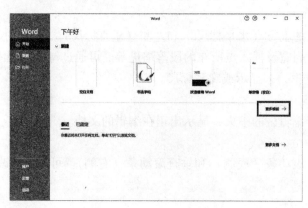

图2-3 新建空白文档

2. 保存文档

1）保存文档

在文档中输入内容后，要将其保存在磁盘上，便于以后查看文档或再次对文档进行编辑和打印。为了防止停电、死机等意外事件导致信息丢失，在文档的编辑过程中要经常保存文档。默认情况下，文档的保存类型为"Word 文档"，扩展名为".docx"。

在"文件"菜单下单击"保存"命令，或单击快速访问工具栏上的"保存"按钮，或按 Ctrl + S 组合键，都可以保存当前的活动文档。如果是新的、未命名的文档，会打开如图 2 - 4 所示的"另存为"页面，该页面为 Word 2016 新增功能。在此页面选择"此电脑"选项，然后在右侧的位置列表中选择相应的保存位置，例如"桌面"，在弹出的"另存为"对话框中修改文件名、保存类型等后单击"保存"按钮即可。也可选择"浏览"选项，同样会打开"另存为"对话框，用户可自定义保存的路径。如果用户保存文档时不想覆盖修改前的内容，也可利用"另存为"命令将该文档以其他文件名保存为该文档的一个副本。

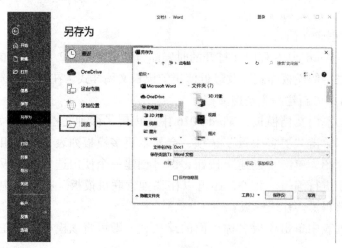

图2-4 "另存为"页面

2）定时保存

Word 2016 默认情况下每隔 10 分钟自动保存一次文件，用户可以根据实际情况设置自动保存时间间隔。依次单击"文件"→"选项"命令。在打开如图2-5所示的"Word选项"对话框中切换到"保存"选项卡，在"保存自动恢复信息时间间隔"编辑框中设置合适的数值并单击"确定"按钮。

图2-5 "Word选项"对话框

3. 打开文档

方法一：在Word编辑窗口中，单击"文件"→"打开"命令，选择要打开的位置，例如单击"浏览"，弹出如图2-6所示的"打开"对话框，在对话框中选择文档所在的磁盘文件夹及文件名，并单击"打开"按钮。

方法二：要打开最近使用过的文档，单击"文件"→"打开"命令，然后在右侧列出的最近使用过的文档或文件夹列表中选择所需打开的文档。

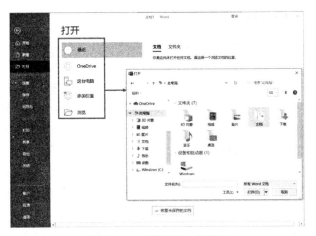

图2-6 "打开"对话框

4. 关闭文档

单击"文件"→"关闭"命令，或单击窗口右上角的"关闭"按钮，都可关闭当前活动文档窗口。

2.2.2　文本编辑

1. 文本的输入

进入 Word 文档编辑窗口后，就可以直接在空文档中输入文本，可以通过计算机当前所安装的任何一种输入法输入文字。当输入行尾时系统会自动换行，不需要按 Enter 键。输入段落结尾时，应按 Enter 键，表示段落结束，此时会产生一个段落标记"↵"。

在输入文本过程中，如果产生错误，可使用"Backspace"键删除插入点前面的字符，或使用"Delete"键删除插入点后面的字符。

在文档中，用户可以使用"即点即输"功能将插入点光标移动到文档页面可编辑区域的任意位置。即在文档页面可编辑区域内任意位置双击鼠标左键，可将插入点光标移动到当前位置。

1）插入符号或特殊符号

单击"插入"选项卡"符号"分组中的"符号"按钮。在打开的符号面板中可以看到一些最常用的符号，单击所需要的符号即可将其插入文档中。如果"符号"按钮面板中没有所需要的符号，可以单击"其他符号"命令，如图 2-7 所示。

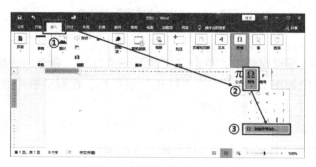

图 2-7　"符号"按钮面板

在打开的"符号"对话框中有"符号"和"特殊字符"两个选项卡。在"符号"选项卡中单击"子集"右侧的下拉三角按钮，在打开的下拉列表中选中合适的子集（如"箭头"）。然后在符号表格中单击选中需要的符号并单击"插入"按钮。

若要插入特殊字符，可以在打开的"符号"对话框中切换至"特殊符号"选项卡，选择要插入的符号，如版权符号© 、注册商标符号® 等，选中该符号，单击"插入"按钮。目前，很多输入法也提供了输入特殊符号的功能，用户可以自行尝试。

2）插入日期和时间

单击"插入"选项卡"文本"分组中"日期和时间"按钮面板，如图 2-8 所示。在弹出的"日期和时间"对话框的"可用格式"列表中根据个人需要进行选择，并选择"语言（国家/地区）"，单击"确定"。在"日期和时间"对话框中，若勾选"自动更新"复选框，则插入的日期和时间会随着日期和时间的改变而改变。

3）插入公式

将插入点移到需要插入公式的文档位置，在"插入"选项卡"符号"分组中单击"公式"下方的三角按钮，在弹出的下拉列表中显示了普遍使用的公式，用户可以根据个人需要快速选择并插入公式，如图 2-9 所示。

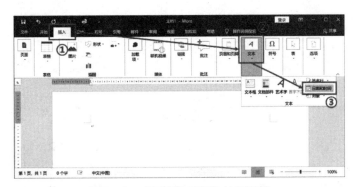

图 2 - 8　"日期和时间"按钮面板

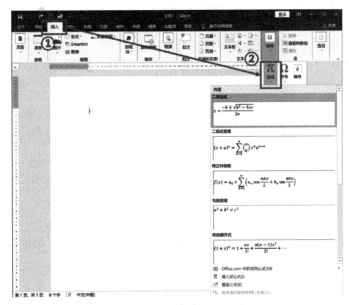

图 2 - 9　"公式"按钮面板

如果"公式"中的下拉列表中没有用户所需的公式，可在"符号"分组中直接单击"公式"图标按钮，当前插入点会弹出如图 2 - 10 所示的公式键入框，根据个人需要在"公式工具—设计"选项卡中选择并键入公式。此外，单击"公式"下方三角按钮，在弹出的下拉列表中单击"墨迹公式"，可以在编辑区域快速手写输入公式，并能够将这些公式转换成系统可识别的文本格式。

4）使用项目符号和编号

在文档中为了准确清楚地表达某些内容之间的并列关系、顺序关系，让文档内容变得层次鲜明，经常要用到项目符号和编号。项目符号因其统一性，主要用于并列关系的各项内容；而编号是有顺序性的，主要用于有前后次序的内容。创建项目符号和编号的一种简单操作方法是，选择需要添加项目符号或编号的若干段落，然后单击"开始"选项卡"段落"分组的项目符号按钮或编号按钮。

单击项目符号右侧的三角按钮，在下拉列表中用户还可以选择其他符号作为项目符号使用。如果用户喜欢的项目符号在下拉列表中不存在，可以单击下拉列表中的"定义新项目符号"命令，在弹出的"定义新项目符号"对话框中选择"符号"命令，在弹出的"符

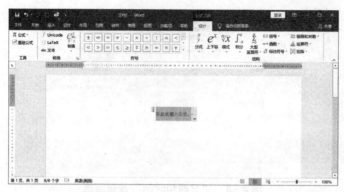

图2-10 选择并输入公式

号"对话框中选择合适的项目符号;也可在"定义新项目符号"对话框中选择"字体"命令,在弹出的"字体"对话框中设置项目符号的格式。

通过相同的方法,用户可以设置项目编号。

2. 文本的选定

用户对文本进行编辑时,必须先选定它们,然后再进行相应的处理。当文本被选中后,呈灰色底纹显示。如果要取消选择,可以将鼠标移至选定文本之外的任何区域并单击左键。选定文本的方式有以下几种:

(1)先将光标定位在要选择内容的最前面,按住鼠标左键并拖曳至所选文本的末端,然后松开鼠标左键。所选文本可以是一个字符、一个句子、一行文字、一个段落、多行文字甚至是整篇文档。

(2)选定单行:鼠标指向要选择的单行文本左侧空白处,直至鼠标变成向右上角的白色箭头时单击。

(3)选定多行:鼠标指向要选择多行的第一行左侧空白处,直至鼠标变成向右上角的白色箭头时,按住鼠标左键向下拖曳至所选文字的最后一行,然后松开鼠标左键。

(4)选定一个段落:鼠标指向段落最左侧空白处,直至鼠标变成向右上角的白色箭头时双击。

(5)矩形文本的选择:鼠标移向要选择的矩形文本的开始处,按住"Alt"键的同时按住鼠标左键拖曳至所选文本的末端,然后松开鼠标和"Alt"键。

(6)选择整个文档:鼠标指向文本内容左侧空白处,直至鼠标变为向右上角的白色箭头时,连续按三下鼠标左键。或者使用组合键"Ctrl + A"。

3. "复制""剪切""粘贴"和"选择性粘贴"

"复制""剪切"和"粘贴"操作是 Word 中最常见的文本操作,其中"复制"操作是在原有文本保持不变的基础上,将所选中文本放入剪贴板;而"剪切"操作则是移动文本,是在删除原有文本的基础上将所选中文本放入剪贴板;"粘贴"操作则是将剪贴板的内容放到目标位置。

1)基本操作

打开文档窗口,选中需要剪切或复制的文本。然后在"开始"选项卡的"剪贴板"分组中单击"剪切"或"复制"按钮。

将插入点光标定位到需要粘贴的目标位置，然后单击"剪贴板"分组中的"粘贴"按钮。也可以使用键盘组合键来完成"复制""剪切"和"粘贴"的操作。"剪切"命令的组合键为"Ctrl + X"；"复制"命令的组合键为"Ctrl + C"；"粘贴"命令的组合键为"Ctrl + V"。

2）粘贴选项

在文档中，执行"复制"或"剪切"操作后，则会出现"粘贴选项"命令，如图 2 – 11 所示，包括"保留源格式""合并格式""图片""只保留文本"四个命令。

图 2 –11 "粘贴选项"命令

"保留源格式"命令：被粘贴内容保留原始内容的格式。

"合并格式"命令：被粘贴内容保留原始内容的格式，并且合并应用目标位置的格式。

"图片"命令：被粘贴内容将以图片的形式粘贴。

"只保留文本"命令：被粘贴内容清除原始内容和目标位置的所有格式，仅保留文本。

3）"选择性粘贴"功能

"选择性粘贴"功能可以帮助用户在文档中有选择地粘贴剪贴板中的内容，例如，可以将剪贴板中的内容以图片的形式粘贴到目标位置。使用"选择性粘贴"功能的具体方法如下：

选中需要复制或剪切的文本或对象，并执行"复制"或"剪切"操作。在"开始"功能区的"剪贴板"分组中单击"粘贴"下方的下拉三角按钮，并单击下拉菜单中的"选择性粘贴"命令。

在打开的"选择性粘贴"对话框中选中"粘贴"单选框，然后在"形式"列表中选择一种粘贴格式，例如，选中"图片（增强型图元文件）"选项，并单击"确定"按钮。剪贴板中的内容将以图片的形式被粘贴到目标位置。

4. "撤销"和"恢复"

编辑文档的时候，如果用户所进行的操作不合适，而想返回到当前结果前面的状态，则可以通过"撤销"或"恢复"功能实现。"撤销"功能可以保留最近执行的操作记录，用户可以按照从后到前的顺序撤销若干步骤，但不能有选择地撤销不连续的操作。用户可以按下组合键"Ctrl + Z"执行撤销操作，也可以单击"快速访问工具栏"中的"撤销"按钮。

执行撤销操作后，还可以将文档恢复到最新编辑的状态。当用户执行一次撤销操作后，可以按下组合键"Ctrl + Y"执行恢复操作，也可以单击"快速访问工具栏"中已经变成可用状态的"恢复"按钮，如图 2 –12 所示。

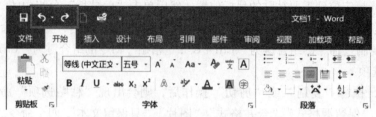

图2-12 "撤销"和"恢复"按钮

5. "查找""替换"和"定位"

1) "查找"功能

借助 Word 2016 提供的"查找"功能,用户可以在文档中快速查找特定的字符。具体方法如下:

打开 Word 2016 文档窗口,将插入点光标移动到文档的开始位置。然后在"开始"选项卡的"编辑"分组中单击"查找"按钮,打开"导航"窗格。在打开的"导航"窗格编辑框中输入需要查找的内容,并单击搜索按钮或 Enter 键,在"导航"窗格中将以浏览方式显示所有包含查找到的内容的片段,如图2-13所示。同时,查找到的匹配文字会在文章中以黄色底纹标识。

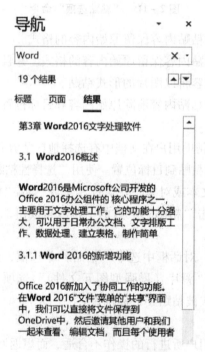

图2-13 "导航"窗格

用户还可以在"开始"选项卡的"编辑"分组中单击"查找"右侧的下拉三角按钮,选择"高级查找"命令,即可弹出"查找和替换"对话框。也可以在"导航"窗格中单击搜索按钮右侧的下拉三角,在打开的菜单中选择"高级查找"命令,同样可以打开"查找和替换"对话框。在"查找内容"编辑框中输入要查找的字符,并单击"查找下一处"按钮。查找到的目标内容将以灰色矩形底纹标识,单击"查找下一处"按钮继续查找。

2）"替换"功能

打开文档窗口，在"开始"功能区的"编辑"分组中单击"替换"按钮，弹出如图 2 - 14 所示的"查找和替换"对话框。在"替换"选项卡的"查找内容"编辑框中输入准备替换的内容，在"替换为"编辑框中输入替换后的内容。如果希望逐个替换，则单击"替换"按钮，如果希望将查找到的内容全部替换，则单击"全部替换"按钮，完成替换单击"关闭"按钮关闭"查找和替换"对话框。

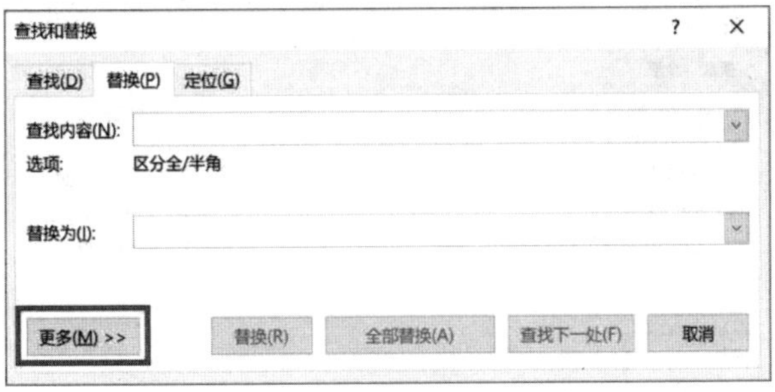

图 2 - 14 "查找和替换"对话框

3）"查找和替换"字符格式

使用 Word 2016 的查找和替换功能，不仅可以查找和替换字符，还可以查找和替换字符格式（如查找或替换字体、字号、字体颜色等格式）。用户可以在"查找和替换"对话框中通过单击"更多"按钮打开扩展面板进行更高级的自定义替换操作。

在"查找内容"或"替换为"编辑框中单击鼠标左键，使光标位于编辑框中，然后单击"格式"按钮，如图 2 - 15 所示。在打开的格式下拉菜单中单击相应的格式类型（如"字体""段落"等），即可在打开的对话框中选择要查找的字体、段落等选项。完成设置后单击"替换"按钮或"全部替换"按钮即可完成替换。

"查找和替换"对话框"更多"扩展面板选项的含义如下：

搜索：在"搜索"下拉菜单中可以选择"向下""向上"和"全部"选项选择查找的开始位置；

区分大小写：查找与目标内容的英文字母大小写完全一致的字符；

全字匹配：查找与目标内容的拼写完全一致的字符或字符组合；

使用通配符：允许使用通配符或特殊字符等查找内容；

同音（英文）：查找与目标内容发音相同的单词；

查找单词的所有形式（英文）：查找与目标内容属于相同形式的单词，如 Is 的所有形式（Are、Were、Was、Am、Be）；

区分前缀：查找与目标内容开头字符相同的单词；

区分后缀：查找与目标内容结尾字符相同的单词；

区分全/半角：在查找目标时区分英文字符、标点符号或数字的全角、半角状态；

忽略标点符号：在查找目标内容时忽略标点符号；

忽略空格：在查找目标内容时忽略空格。

4）"定位"功能

单击"开始"选项卡"编辑"功能区的"查找"命令旁的小三角，在下拉列表中选择

图 2-15 "替换"选项卡中的搜索选项

"转到"命令,弹出"查找与替换"对话框。在"定位"选项卡中可按页码、行号和书签等对文本进行定位。

2.3 文档格式的编排

2.3.1 视图

Word 是一套"所见即所得"的文字处理软件,用户从屏幕上所看到的文档效果,就和最终打印出来的效果完全一样,因而深受广大用户的青睐。为了满足用户在不同情况下编辑、查看文档效果的需要,Word 在"所见即所得"的基础上向用户提供了多种不同的 Word 文档的显示方式,称为视图方式。它们各具特色、各有千秋,分别使用于不同的情况。用户可以在"视图"选项卡"视图"组中选择需要的文档视图模式,也可以在 Word 2016 文档窗口的右下方单击视图按钮选择不同的视图方式。

1. 页面视图

页面视图方式即直接按照用户设置的页面大小进行显示,此时的显示效果与打印效果完全一致,用户可从中看到各种对象(包括页眉、页脚、水印和图形等)在页面中的实际打印位置,这对于编辑页眉和页脚,调整页边距以及处理边框、图形对象及分栏都是很有用的。

2. 阅读视图

阅读视图以图书的分栏样式显示 Word 2016 文档,"文件"按钮、功能区等窗口元素被隐藏起来。此外,在阅读版式视图中,用户还可以单击"工具"按钮选择各种阅读工具。

3. Web 版式视图

Web 版式视图方式是 Word 视图方式中唯一按照窗口大小进行折行显示的视图方式(其他几种视图方式均是按页面大小进行显示),这样就避免了 Word 窗口比文字宽度要窄,用户必须左右移动光标才能看到整排文字的尴尬局面，并且 Web 版式视图方式显示字体较大，方便了用户的联机阅读。Web 版式视图方式的排版效果与打印结果并不一致，它不便于用户查看 Word 文档内容时使用。

4．大纲视图

对于一个具有多重标题的文档而言，用户往往需要按照文档中标题的层次来查看文档（如只查看某重标题或查看所有文档等），大纲视图方式则正好可解决这一问题。大纲视图方式是按照文档中标题的层次来显示文档，可以折叠文档，只查看主标题，或者扩展文档，查看整个文档的内容，从而使用户查看文档的结构变得十分容易。在这种视图方式下，用户还可以通过拖动标题来移动、复制或重新组织正文，方便了用户对文档大纲的修改。大纲视图广泛应用于 Word 2016 长文档的快速浏览和设置。

5．草稿视图

草稿视图取消了页面边距、分栏、页眉页脚和图片等元素，仅显示标题和正文，是最节省计算机系统硬件资源的视图方式。

2.3.2 字符格式

字符可以是一个汉字，也可以是一个字母、一个数字或一个单独的符号。常用的文字格式包括：字体、字号、粗体、斜体、加下划线等，灵活运用字符格式，可以使文档更加丰富多彩。设置字符格式的方法有三种，设置之前必须选择需要改变字符格式的文字范围，如果不选择文字范围，那么所设定的字符格式就只对插入点后所键入的文字生效。

1．使用"开始"选项卡设置

在"开始"选项卡的"字体"分组中，有设置字符格式的很多按钮，单击这些按钮即可实现相应效果。

1）设置字体

单击"字体"下拉箭头，可以看到在列表框中提供了许多种不同的中、西文字体，用户只要从中选择所需的字体即可。字体列表框中字体数量的多少取决于计算机中安装的字体数量。常用的中文字体有宋体、黑体、微软雅黑等。

2）设置字号

在 Word 中，表述字体大小的计量单位有两种，一种是汉字的字号，如初号、小初、一号……七号、八号；另一种是用国际上通用的"磅"来表示，如 5、5.5、6.5……48、72等。在中文字号中，数值越大，字就越小，所以八号字是数值最小的；在用"磅"表示字号时，数值越小，字符的尺寸越小，数值越大，字符的尺寸越大。

3）设置其他字符格式

利用字体分组还可以设置字符的加粗、斜体、下划线、删除线和颜色等格式。

2．使用"字体"对话框设置

单击"开始"选项卡"字体"分组右下角的按钮 ，打开如图 2-16 所示"字体"对话框。在"字体"选项卡中，可以设置字体、字形、字号、颜色、下划线、着重号和效果等。

在"高级"选项卡中，可以设置字符间距等。字符间距是指每行文字中字符之间的距离。如果单击该选项卡下方的"文字效果"按钮，还可以在弹出的"设置文本效果格式"对话框中进一步设置文本填充与轮廓等高级效果。

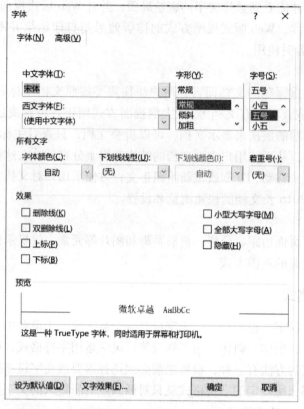

图2-16 "字体"选项卡

3. 使用浮动工具栏进行设置

在选中文本后出现的浮动工具栏中可直接设置字符的格式。

2.3.3 段落格式

段落是指以按"Enter键"为结束的内容,因此段落可以包括文字、图片、各种特殊字符等。段落的格式对文档的美观易读也是相当重要的。

1. 段落的对齐方式

段落的对齐方式有"左对齐""居中""右对齐""两端对齐"和"分散对齐"五种。

(1)左对齐:文本左侧对齐,右侧不考虑。

(2)右对齐:文本右侧对齐,左侧不考虑。

(3)居中:让文本或段落靠中间对齐,多用于标题或单行的段落。

(4)两端对齐:是中文的习惯格式,即除段落最后一行外的其他行每行的文字都是同时左右两端对齐的。

(5)分散对齐:让文本在一行内靠两侧进行对齐,字与字之间会均匀拉开一定的距离,将一行占满,距离的大小视文字多少而定。

用户设置段落对齐的方法有以下两种:

方法一:打开文档页面,选中一个或多个段落。在"段落"分组中可以选择"左对齐""居中""右对齐""两端对齐"和"分散对齐"选项之一,以设置段落对齐方式。

方法二：打开文档页面，选中一个或多个段落。在"开始"选项卡"段落"分组中单击右下角的小箭头按钮，然后打开如图2-17所示的"段落"对话框，单击"对齐方式"下方三角按钮，在列表中选择符合实际需求的段落对齐方式，并单击"确定"按钮使设置生效。

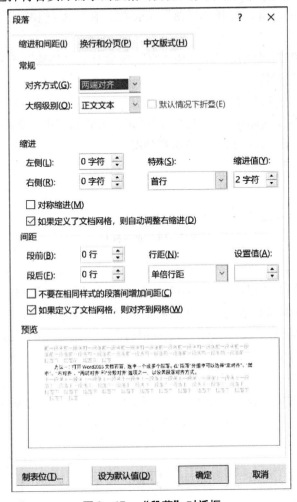

图2-17 "段落"对话框

2. 段落的缩进

在文本排版中，段落的缩进是指在相对于左右页边距的情况下，段落中的文本向内缩进。Word中主要包括左侧缩进、右侧缩进、首行缩进和悬挂缩进四种方式。

（1）左侧缩进：段落各行文字整体左侧缩进。

（2）右侧缩进：段落各行文字整体右侧缩进。

（3）首行缩进：是一种特殊的段落格式，也就是在段落的首行缩进两个字符。在Word中文版中，使用了一种字符测量单位，这样可以以字符为单位测量一些段落格式设置，如缩进、页边距、行距、字符间距等。这对于中文文字的处理特别有用，因为在日常写作中，中文有在段落起始处缩进两个字符的习惯。如果以字符为单位，就不必担心因改变了字体、字号等造成格式上的混乱。

（4）悬挂缩进：也是一种特殊的段落格式，其与"首行缩进"正好相反，即段落中除首行外的其他行文字进行缩进。

用户设置段落缩进的方法有以下两种：

方法一：使用"段落"对话框设置。

选中要设置缩进的段落，打开"段落"对话框，在"缩进和间距"选项卡中设置段落缩进就可以了。

首行缩进与悬挂缩进可以在"缩进和间距"选项卡中"特殊"下拉列表中选择。

方法二：使用标尺设置。

在水平标尺（图2–18）上，有四个段落缩进滑块："首行缩进""悬挂缩进""左缩进"及"右缩进"。按住鼠标左键拖动它们即可完成相应的缩进，如果要精确缩进，可在拖动的同时按住"Alt"键，此时标尺上会出现刻度。

图2–18 水平标尺

3. 段落间距

段落间距包括行间距和段间距。行间距是指各行文字之间的距离；段间距是指段落之间的距离，即两个 Enter 符所代表的文本之间的距离。一般情况下，文本行距取决于各行中文字的字体和字号。如果删除了段落标记，则标记后面的一段将与前一段合并，并采用该段的间距。段落间距的设置有两种方法。

方法一：选中要调整行间距的文字，在"段落"分组中单击"行和段落间距"按钮。在如图2–19所示的下拉列表中选择用户需要采用的行距，也可选择"增加段落前的间距"或"增加段落后的空格"命令之一，以使段落间距变大或变小。

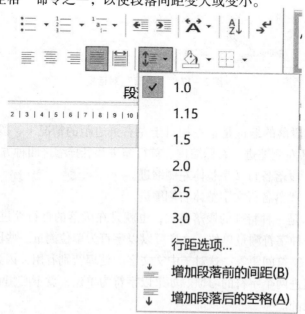

图2–19 "行和段落间距"按钮

方法二：选中要调整行间距的文字，在"段落"分组中单击右下角的"小箭头"按钮，在打开的"段落"对话框的"缩进和间距"选项卡中，可以设置"段前"和"段后"编辑框的数值以及选择"行距"，最后单击"确定"按钮即可设置段落间距。

"行距"下拉列表各选项的含义如下：

（1）单倍行距：将行距设置为该行最大字体的高度加上一小段额外间距。额外间距的大小取决于所用字体的大小。

（2）1.5 倍行距：即单倍行距的 1.5 倍。

（3）2 倍行距：即单倍行距的 2 倍。

（4）最小值：适应行上最大字体或图形所需的最小行距。

（5）固定值：即固定行距（以磅为单位）。如果设置的固定值行距小于字体大小，则文字将显示不完全。

（6）多倍行距：可以用大于 1 的数字表示的行距。例如，若将行距设置为 1.15 则会使间距增加 15%，将行距设置为 3 会使间距变为原来的 300%（3 倍行距）。

4. 格式刷

格式刷可以将特定文本的格式复制到其他文本中，当用户需要为不同文本重复设置相同格式时，即可使用格式刷工具提高工作效率。格式刷的具体使用方法如下：

选中已经设置好格式的文本块。在"开始"选项卡的"剪贴板"分组中双击"格式刷"按钮，如图 2-20 所示，此时鼠标指针已经变成刷子形状。按住鼠标左键拖选需要设置格式的文本，则格式刷刷过的文本将应用被复制的格式。释放鼠标左键，再次拖选其他文本即可实现同一种格式的多次复制。完成格式的复制后，再次单击"格式刷"按钮即可关闭格式刷。

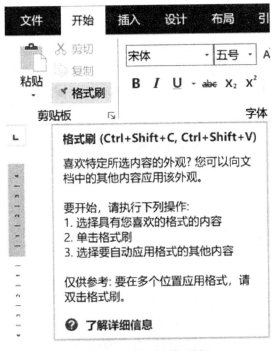

图 2-20　"格式刷"按钮

如果单击"格式刷"按钮，则格式刷记录的文本格式只能被复制一次，不能将同一种格式进行多次复制。

5. 样式

在编排一篇长文档或是一本书时，需要对许多文字和段落进行相同的排版工作，如果只是利用字体格式和段落格式的编排功能，不但很费时间，更重要的是，很难使文档格式一直保持一致。这时，就需要使用样式来实现这些功能。

样式是应用于文档中的文本、表格和列表的一套格式特征，它是指一组已经命名的字符和段落格式。它规定了文档中标题、题注以及正文等各个文本元素的格式。用户可以将一种样式应用于某个段落，或者应用于段落中选定的字符上。利用"样式"对这些相同的文档对象进行统一设置，以后就可以在文档中反复应用所设置的样式，从而极大地提高文档的编辑排版效率。此外，使用样式定义文档中的各级标题，如标题1、标题2、标题3……标题9，就可以智能化地制作出文档的标题目录（详见2.7.1）。

Word本身自带了许多样式，称为内置样式。但有时候这些样式不能满足用户的全部要求，这时可以创建新的样式，称为自定义样式。内置样式和自定义样式在使用和修改时没有任何区别。但是用户可以删除自定义样式，却不能删除内置样式。

1）应用内置样式

选择需要应用样式的文本或段落，在"开始"选项卡"样式"分组的快速样式库中选择合适的样式，如图2-21所示，所选文本或段落就按照样式的格式重新排版。用户也可以单击"开始"选项卡"样式"分组右下角的小箭头按钮，在弹出的如图2-22所示"样式"任务窗格中选择合适的样式。对文档的多级标题设置时可以直接选择列表框中的"标题1、标题2……"。

2）创建新样式

方法一：选择已经设置好字符格式和段落格式的文本或段落，在如图2-21所示的快速样式库下拉列表中单击"创建样式"命令，在弹出的对话框中给新样式命名保存即可。

方法二：单击如图2-22所示"样式"任务窗格左下角的"新建样式"按钮，在弹出的"根据格式化创建新样式"对话框中可以设置新样式的名称、类型、字符格式和段落格式等。

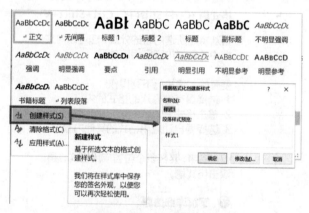

图2-21　快速样式库

图 2-22　"样式"任务窗格

2.3.4　页面版式设置

1. 页面设置

页面设置包括文档的页大小、页边距、页眉和页脚、装订线等设置。单击"布局"选项卡"页面设置"分组右下角的"小箭头"按钮，会弹出如图 2-23 所示的"页面设置"对话框，该对话框有"页边距""纸张""布局""文档网格"四个选项卡，利用这些选项卡可以全面、精确地设置页边距、纸张方向等。

1）页边距的设置

页边距是页面四周的空白区域，也就是正文与页面四边的距离。在"页面设置"对话框"页边距"选项卡中可以设置文档正文距离纸张的上、下、左、右边界的大小距离，还可设置"纸张方向"等。当文档需要装订时，最好提前设置好装订线的位置。装订线就是为了便于文档的装订而专门留下的宽度。如不需要装订，则可以不设置此项。

对话框左下角有一个"应用于"选项，它表明当前设置的应用范围：整篇文档或插入点之后，这将使一篇文档的不同部分产生不同的页面设置效果。

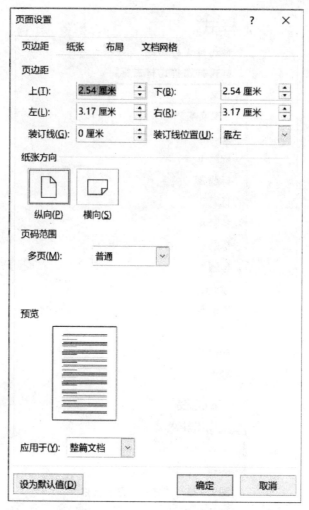

图 2−23 "页面设置"对话框

2）纸张的设置

在"页面设置"对话框"纸张"选项卡中可以进行纸张的设置，包括纸张大小和纸张来源的设置。在"纸张大小"列表框中可以选择合适的纸张规格，也可在"宽度"和"高度"框中自定义设置精确的数值。

3）版式的设置

在"页面设置"对话框"布局"选项卡中可以设置 Word 文档的节、页眉和页脚、页面等参数。

2. 页眉和页脚

页眉和页脚就是文档中每个页面的顶部、底部和两侧页边距中的区域，用户可以在页眉和页脚中插入文本、图形等内容，如文档标题、标志或日期等，使页面的样式更加丰富。

1）插入和编辑页眉和页脚

单击"插入"选项卡的"页眉和页脚"组中的"页眉"按钮，在打开的下拉列表中有很多样式可供选择，如"空白"。这样，所选页眉样式就被应用到文档中的每一页了。如果下拉列表中没有所需样式，可以单击下拉列表中的"编辑页眉"命令，此时插入点将定位于页眉处等待用户输入自定义页眉内容，文档编辑区的内容将变灰不可编辑。同时，在编辑窗口上方增加一个如图2-24所示的"页眉和页脚工具—设计"选项卡。

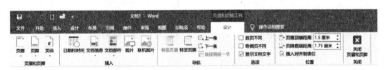

图2-24 "页眉和页脚工具—设计"选项卡

在"页眉和页脚工具—设计"选项卡中可以选择相应工具按钮插入页码、日期和时间等，也可单击"页脚"按钮，在打开的下拉列表中选择所需的页脚样式。当选择此下拉列表中的"编辑页脚"命令时，插入点将定位显示在页脚处等待用户输入，文档编辑区的内容也将变灰不可编辑。

单击"页眉和页脚工具—设计"选项卡中的"关闭"按钮，就可以退出页眉和页脚编辑状态，插入点重新回到文档编辑区，而页眉和页脚的内容将变灰。要重新编辑页眉和页脚，也可双击页眉或页脚区域，将进入页眉和页脚的编辑状态。在设置页眉和页脚时，Word的部分功能菜单也依旧可以使用，如字体、字号、对齐方式等。

若要删除页眉和页脚，则可单击"插入"选项卡的"页眉和页脚"组中的"页眉"或"页脚"按钮，在下拉列表中选择"删除页眉"或"删除页脚"命令即可。

2）不同页的页眉和页脚设置

当版面设置为各页的页眉和页脚均相同时，只需要设置某一页的页眉和页脚，其余页的页眉页脚也随之设定。

如果需要不同页的页眉和页脚不同，可以在"页眉和页脚工具—设计"选项卡的"选项"组中勾选"奇偶页不同""首页不同"，这样设置以后即可分开编辑文档中不同页的页眉和页脚。也可以在"页面设置"对话框的"布局"选项卡中勾选"奇偶页不同""首页不同"，还可以根据需求选择应用于插入点之后或整篇文档。

3）插入页码

在"插入"选项卡的"页眉和页脚"组单击"页码"命令，在打开的下拉列表中可选择在页面顶端、页面底端、页边距或当前位置插入页码，再选择所需的页码格式。如果已有的页码格式不能满足用户需要，可以单击"设置页码格式"命令，在打开的"页码格式"对话框中进行设置。

3. 首字下沉

所谓首字下沉，就是指文章或段落的第一个字或前几个字比文章的其他字的字号要大，或者用不同的字体。这样可以突出段落，更能吸引读者的注意。可以设置"下沉"和"悬挂"两种方式。"下沉"指首字改变了字符格式，但依然嵌入在文本中，首字下边依然有文本；"悬挂"指首字改变了字符格式，同时，该首字也会跳出段落左侧，形成悬挂在外的效果。设置首字下沉的方法如下：

选择段落的第一个字或前几个字，也就是要做"首字下沉"的文字。使用"插入"选项卡"文本"分组的"首字下沉"命令，在下拉列表中直接选择"下沉"或"悬挂"命令。一般使用"下沉"比较多，也比较适合中文的习惯。如果用户想修改首字下沉的参数，则可以单击下拉列表中的"首字下沉选项"命令，在弹出的"首字下沉"对话框中设置即可。通常下沉行数不要太多，否则会使文字太突出，反而影响文章版式的美观。

如果想取消首字下沉的效果，单击"首字下沉"命令下拉菜单中的"无"即可。

4. 分栏

分栏是指将文档中的文本分成两栏或多栏，是文档编辑中的一个基本方法，一般用于排版工作。设置分栏的方法如下：

选择需要设置分栏的文本，单击"布局"选项卡"页面设置"分组中"栏"按钮，在下拉列表中可以看到一栏、两栏、三栏、偏左和偏右，可以根据用户的需要来选择合适的栏数。如果下拉列表中没有符合需求的分栏数，可以单击"更多栏"命令，在弹出的"分栏"对话框"栏数"中设定数值，最高上限为11。如果想要在分栏的效果中加上"分隔线"，可以勾选"分隔线"复选框，最后单击"确定"按钮。

5. 添加脚注和尾注

脚注和尾注的功能相似，都是添加标注、解释字词，它们的区别主要是添加的位置不同，脚注一般是在当前页面的底部，而尾注一般是在文档的末尾。

设置脚注的方法如下：

选中需要插入脚注的文字，单击"引用"选项卡"脚注"分组中的"插入脚注"按钮，所选文字右上角将出现一个阿拉伯数字的编号上标，同时在当前页面的底部出现脚注编辑区域，直接输入脚注内容。同一页面中的脚注将按其在该页面中的前后顺序进行编号排序。

设置尾注的方法如下：

选中需要插入尾注的文字，单击"引用"选项卡"脚注"分组中的"插入尾注"按钮，所选文字右上角将出现一个小写罗马数字的编号上标，同时，在整个文档的末尾出现尾注编辑区域，直接输入尾注内容。同一文档中的尾注将按其在文档中的前后顺序进行编号排序。

如果默认的脚注或尾注格式不符合用户的需求，可以单击"脚注"分组右下角的小箭头按钮，在打开的"脚注和尾注"对话框中进行设置即可，例如，可以更改编号的格式和起始方式等。如果想删除某个脚注或尾注，只需要将该脚注或尾注右上角的数字编号删除。

6. 设置页面边框

页面边框是指出现在页面周围的一条线、一组线或装饰性图形。页面边框在标题页、传单和小册子上十分常见。

单击"布局"选项卡"页面背景"分组的"页面边框"命令，打开"边框和底纹"对话框，选择"页面边框"选项卡进行操作，如图2-25所示。先在左侧的"设置"里选择边框的位置及效果，然后在中侧的"样式"里设置边框线条的样式、颜色、宽度等参数，还可以设置艺术型页面边框。

7. 设置页面背景

可以将纯色、渐变色、图案、图片或纹理作为页面背景。

在"布局"选项卡"页面背景"分组中单击"页面颜色"按钮，在下拉菜单中的颜色面板中可以根据用户的需要选择页面颜色。也可以选择"其他颜色"命令，在打开的"颜色"对话框中设置自定义颜色。还可以单击"填充效果"命令打开"填充效果"对话框，在该对话框中有"渐变""纹理""图案"和"图片"四个选项卡用于设置特殊的填充效

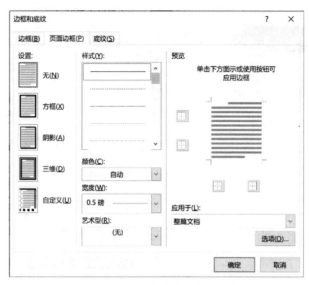

图 2 - 25　"边框和底纹"对话框

果，设置完成后单击"确定"按钮。

2.4　表格的设计与制作

表格是一种简明、概要的表意方式，由不同行、列的单元格组成，其结构严谨，效果直观，往往一张表格可以代替许多说明文字。Word 具有功能强大的表格制作功能。其"所见即所得"的工作方式使表格制作更加方便、快捷，可以满足用户制作复杂表格的需求，并且能对表格中的数据进行较为复杂的计算。注意，Word 中的表格并不适用于进行大量数据的分析、计算和处理。

2.4.1　插入并设置表格

1. 创建表格

1）拖动鼠标插入表格

将光标定位于文档中需要插入表格的位置，单击"插入"选项卡"表格"组"表格"按钮，出现如图 2 - 26 所示的"表格"下拉列表，在其中的表格区域拖动鼠标选中合适的行和列的数量，放开鼠标即可在页面中插入相应的表格。

2）使用"插入表格"对话框

将光标定位于文档中需要插入表格的位置，单击"插入"选项卡"表格"组"表格"按钮，在出现的下拉列表中选择"插入表格"命令，在弹出的如图 2 - 27 所示的"插入表格"对话框中的"表格尺寸"区域分别设置表格行数和列数。在"'自动调整'操作"区域如果选中"固定列宽"单选框，则可以设置表格的固定列宽尺寸；如果选中"根据内容调整表格"单选框，则单元格宽度会根据输入的内容自动调整；如果选中"根据窗口调整表格"单选框，则所插入的表格将充满当前页面的宽度。选中"为新表格记忆此尺寸"复选框，则再次创建表格时将使用当前尺寸。设置完毕后，单击"确定"按钮。

图2-26 "表格"下拉列表

图2-27 "插入表格"对话框

3）绘制表格

使用"绘制表格"工具可以创建不规则的复杂表格，可以使用鼠标灵活绘制不同高度或每行包含不同列数的表格。

将光标定位于文档中需要插入表格的位置，单击"插入"选项卡"表格"组"表格"按钮，在出现的下拉列表中选择"绘制表格"命令，此时鼠标指针变为笔形，按住鼠标左键拖动鼠标即可绘制出表格。绘制完成后，单击鼠标左键，指针恢复原状。

在绘制表格的时候，如果出现错误，可以单击"表格工具—布局"选项卡"绘图"分组中的"橡皮擦"按钮，当鼠标指针变为橡皮擦形状时可擦除错误的绘制。

4）文本转换为表格

用户可以在文档中先输入文本，并在文本中插入制表符（如空格、逗号等）来划分列，以段落标记 Enter 键来划分行，或直接利用已经存在的文本转换成表格。

选定要转换的文本。单击"插入"选项卡"表格"组"表格"按钮，在出现的下拉列表中选择"文本转换成表格"命令，弹出"将文字转换成表格"对话框。在"文字分隔位置"选项组中选择所需选项，如"逗号"，然后单击"确定"按钮，则可生成一个含有文本的表格。

注意：在文本中插入的制表符是要相对应的。如果是空格，那么在"文字分隔位置"选项组中就要选择以空格来划分表格的各个列。

2. 在表格中输入文字

创建好表格后，每个单元格中会出现一个段落标记，将光标定位于单元格内，即可输入文本内容。

3. 编辑表格

用户可以对已制作好的表格进行编辑修改，比如在表格中增加、删除表格的行、列及单元格，合并和拆分单元格等。

1）选择单元格、行、列或表格

（1）选择一个单元格：将鼠标放在单元格左侧，等鼠标图形变成指向右的黑色箭头时，单击鼠标即可。

（2）选择一行或多行：将鼠标指向表格某一行的最左边，等指针变成指向右侧的白色箭头时，单击鼠标左键即可选中这一行。保持右指向的鼠标箭头状态，向上或向下拖动鼠标左键可以选中多行。

（3）选择一列或多列：把鼠标指针移动到表格某一列的最上端，等指针变成向下指的黑色箭头时，单击鼠标左键即可选中整列。保持鼠标指针的黑色箭头状态，向左或向右拖动鼠标左键可以选中多列。

（4）选择整个表格：用鼠标指向要选定表格的左上角，等鼠标图形变成⊞时，单击鼠标即可选中整个表格。

2）表格中的插入和删除

（1）插入行、列、单元格。在文档的表格中，用户可以根据实际需要插入行或列。首先将光标定位在准备插入行或列的相邻单元格中，然后在"表格工具—布局"选项卡"行和列"分组中根据实际需要单击"在上方插入""在下方插入""在左侧插入"或"在右侧插入"按钮插入行或列。

也可以在准备插入行或列的相邻单元格中单击鼠标右键，然后在打开的快捷菜单中指向"插入"命令，并在打开的下一级菜单中选择"在左侧插入列""在右侧插入列""在上方插入行"或"在下方插入行"命令。

用户还可以将鼠标移至某行或某列的左上角，单击此时出现的如图2-28所示的"⊕"按钮即可在上方或左侧插入行或列。

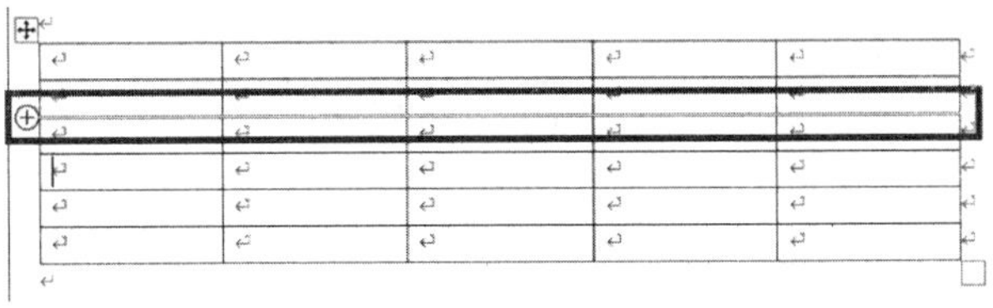

图2-28 插入行

如果要在位于文档开始的表格前增加一个空行，可以将光标移到第一行的第一个单元格，然后按下 Enter 键。

把光标移到表格每一行末尾的段落标记处，然后按下 Enter 键，可以在当前的单元格下面增加一行单元格。

如果要在表格中一次插入多个行或列，需要首先在表格中选择多行或多列单元格，然后按照上述插入行或列的方法即可一次插入多行或多列。

（2）删除行、列、单元格。选择准备删除的行、列、单元格，单击"表格工具—布局"选项卡"行和列"分组中的"删除"命令，在如图2-29所示的"删除"下拉列表中根据实际需要选择相应命令即可。

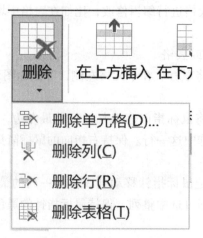

图 2 – 29   "删除"下拉列表

3）设置行高、列宽

设置行高和列宽的方法有两种：

（1）功能区设置。如果用户需要精确设置行的高度和列的宽度，可以在表格中选中需要设置高度的行或需要设置宽度的列，在"表格工具—布局"选项卡"单元格大小"分组中调整"表格高度"或"表格宽度"的数值，以设置表格行的高度或列的宽度。

除此之外，还可以使用"表格工具—布局"选项卡"单元格大小"分组中"分布行"和"分布列"按钮使表格的行或列平均分布。

（2）鼠标法。将鼠标指针指向需要更改的行或列的边框上，直到指针变为双箭头形状，然后按住鼠标左键拖动边框，直到得到所需要的高度或宽度。

4）移动与缩放表格

将鼠标指针指向表格左上角的田图形，按住鼠标左键拖曳即可移动整个表格，拖曳过程中会有一个虚线框跟着移动。

缩放表格可以将表格整体进行放大或缩小。将鼠标指针指向表格右下角的方块，当鼠标指针变为双向箭头时，按住鼠标左键拖曳即可将整个表格进行大小缩放，拖曳过程中会有一个虚线框表示缩放尺寸。

5）单元格的合并与拆分

在 Word 中，可以将表格中两个或两个以上的单元格合并成一个单元格，以便制作出的表格更符合用户的要求。合并单元格的方法如下：

选择需要合并的两个或两个以上单元格，单击"表格工具—布局"选项卡"合并"组中的"合并单元格"命令，或在右击弹出的快捷菜单中选择"合并单元格"命令，即可合并单元格。

用户也可以根据需要将表格的一个单元格拆分成两个或多个单元格，从而制作较为复杂的表格。拆分单元格的方法如下：

选择要拆分的单元格，单击"表格工具—布局"选项卡"合并"组中的"拆分单元格"命令，打开"拆分单元格"对话框并在其中分别设置需要拆分成的"列数"和"行数"，单击"确定"按钮，就可以得到拆分的单元格。

2.4.2 美化表格

1. 设置文字方向

表格的每个单元格都可以单独设置文字的方向，这大大提高了表格的表现力。

首先选中表格中需要设置文字方向的单元格，然后单击鼠标右键，在快捷菜单中选择"文字方向"，打开"文字方向—表格单元格"对话框。根据需要选择一种文字方向，可以在"预览"窗口中看到所选方向的式样，最后单击"确定"按钮，就可以将选中的方向应用于单元格的文字。

2. 文本对齐

表格内容的文本对齐方式共有九种，分别为"靠上左对齐""靠上居中对齐""靠上右对齐""中部左对齐""水平居中""中部右对齐""靠下左对齐""靠下居中对齐""靠下右对齐"。首先选择要对齐的单元格，然后在"表格工具—布局"选项卡"对齐方式"组中单击需要的对齐方式，如图 2-30 所示。

图 2-30　文本对齐

3. 表格样式

默认创建的表格为白底黑线组成的单元格，应用表格样式可以快速地美化表格的设计。设置的方法如下：

选中表格或将光标定位于表格任一单元格中，在"表格工具—设计"选项卡"表格样式"组下拉列表框中选择相应的表格样式即可。如果想修改已有样式，则可以单击下拉列表中的"修改表格样式"命令，打开"修改样式"对话框即可设置。

4. 设置表格的边框与底纹

除了应用设计好的样式外，利用边框、底纹和图形填充功能可以增加表格的特定效果，美化表格和页面，以达到对文档不同部分的兴趣和注意程度。

要设置表格边框与底纹颜色有多种方法，但都是在选中表格的全部或部分单元格之后进行的。第一种方法是单击"表格工具—设计"选项卡"边框"组中的"边框"按钮，在下拉列表中选择所需的边框形式即可，如"全部框线""无框线"等。如果需要进行更多效果的设置，可以选择该下拉列表中的"边框和底纹"命令，打开如图 2-31 所示的"边框和底纹"对话框进行设置。另外，也可以单击鼠标右键，在快捷菜单中选择"表格属性"命令，然后在打开的"表格属性"对话框"表格"选项卡中单击"边框和底纹"按钮，同样可以打开"边框和底纹"对话框。

在打开的"边框和底纹"对话框中切换到"边框"选项卡，在"设置"区域选择边框显示位置，其中：

（1）选择"无"选项表示被选中的单元格或整个表格不显示边框。

（2）选中"方框"选项表示只显示被选中的单元格或整个表格的四周边框。

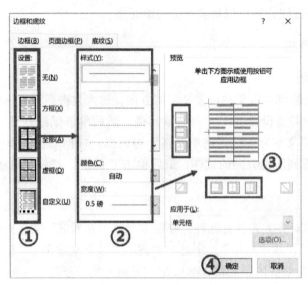

图 2 – 31　"边框和底纹"对话框

（3）选中"全部"表示被选中的单元格或整个表格显示所有边框。

（4）选中"虚框"选项，表示被选中的单元格或整个表格四周为细边框，内部为粗边框。

（5）选中"自定义"选项，表示被选中的单元格或整个表格由用户根据实际需要自定义设置边框的显示状态，而不仅仅局限于上述四种显示状态。

在"样式"列表中选择边框的样式（如双横线、点线等样式）；在"颜色"下拉菜单中选择边框使用的颜色；单击"宽度"下拉三角按钮选择边框的宽度尺寸。在"预览"区域，可以通过单击某个方向的边框按钮来确定是否显示该边框。设置完毕单击"确定"按钮。

5. 绘制斜线表头

表格的斜线表头一般在表格的第一行的第一列，是复杂表格经常用到的一种格式，起到分隔类目的作用。单击"表格工具—设计"选项卡"边框"组中的"边框"按钮，在下拉列表中选择"斜下框线"或"斜上框线"命令即可设置表格的斜线表头，如图 2 – 32 所示。另外，也可通过单击"表格工具—布局"选项卡"绘图"组中的"绘制表格"按钮来绘制斜线表头。

2.5　图文混排

2.5.1　插入并设置文本框

Word 中的文本框是指一种可移动、可调大小的文字或图形容器。文本框与普通文本最大的区别就是其可随意移动到任何位置，其他插入的对象不会影响文本框中的内容。通过使用文本框，用户可以将文本很方便地放置到文档页面的指定位置，而不会受到段落格式、页面设置等因素的影响，同时也能起到区分文本和美化文档的作用。Word 2016 内置有多种样

图 2 – 32　"边框"下拉列表

式的文本框供用户选择使用。插入文本框的步骤如下：

单击"插入"选项卡"文本"分组中的"文本框"按钮，在打开的如图 2 – 33 所示的"文本框"下拉列表中选择合适的文本框类型。在文档编辑窗口，所插入的文本框处于编辑状态，直接输入用户的文本内容即可。如果内置的文本框样式不满足用户需要，可以选择该下拉列表中的"绘制横排文本框"或"绘制竖排文本框"命令，此时光标在文档编辑窗口变成"＋"形，单击即可在其中插入一个文本框。

对"文本框"中的内容同样可以进行插入、删除、剪切和复制、字体格式、段落格式等操作，方法与普通文本内容相同。

选定"文本框"，鼠标移动到"文本框"边框的控制点，当鼠标变成双向箭头时，按下鼠标左键并拖动，可以调整文本框的大小。

当鼠标移动到文本框边框变成四向箭头形状时，按下并拖动鼠标可以对"文本框"进行位置的移动。

选定"文本框"，在"绘图工具—格式"选项卡"形状样式"分组中，通过"形状填充""形状轮廓""形状效果"三个按钮可以对文本框的填充颜色、线条等属性进行设置。此外，在"绘图工具—格式"选项卡"形状样式"分组中单击右下角的小箭头按钮，将在

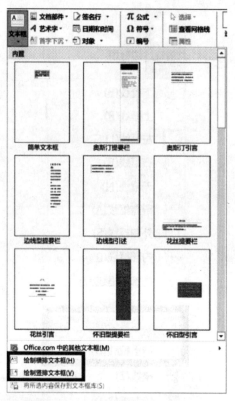

图2-33 "文本框"下拉列表

Word窗口右侧打开"设置形状格式"任务窗格，可在其中对"形状选项"和"文本选项"进行更丰富的设置。当鼠标移动到"文本框"边框变成四向箭头形状时，单击鼠标右键，在弹出的快捷菜单中选择"设置形状格式"命令，同样可以打开该任务窗口。

2.5.2 插入并设置艺术字

在Word 2016中，艺术字是一种包含特殊文本效果的绘图对象，用户可以利用这种修饰性文字，任意旋转角度、着色、拉伸或调整字间距，以使文档达到最佳效果。

1. 插入艺术字

将鼠标定位于要插入艺术字的位置上，单击"插入"选项卡"文本"组中的"艺术字"按钮，在下拉列表中选择一种喜欢的Word 2016内置的艺术字样式，文档中将自动插入含有默认文字"请在此放置您的文字"和所选样式的艺术字，并且功能区将显示出"绘图工具—格式"选项卡。

2. 修改艺术字效果

选择要修改的艺术字，单击功能区中"绘图工具—格式"选项卡，将显示艺术字的各类操作按钮。

（1）在"形状样式"分组里，可以修改整个艺术字的样式，并可以设置艺术字形状的填充、轮廓及形状效果。

（2）在"艺术字样式"分组里，可以对艺术字中的文字设置填充、轮廓及文字效果。

（3）在"文本"分组里，可以对艺术字文字设置文字方向、对齐文本、链接。

（4）在"排列"分组里，可以修改艺术字的位置、环绕方式、对齐、组合及旋转等。

（5）在"大小"分组里，可以设置艺术字的宽度和高度。

2.5.3 自选图形的使用

自选图形是指一组现成的形状，包括基本形状，如矩形、圆形等，以及各种线条、箭头总汇、公式形状符号、流程图符号、星与旗帜和标注等。

1. 添加图形

将鼠标定位于要插入图形的位置上，单击"插入"选项卡"插图"组"形状"按钮，打开含有多个类别多个形状的下拉菜单，选择其中一种要绘制的形状，这时鼠标指针会变成十字形，单击鼠标左键即可在文档中绘制出此形状。按住鼠标左键并拖动至需要的大小后放开鼠标，也可完成形状的插入。

可以为一些形状添加文字，常用于标注形状或框形形状中，起到注释或分类的作用。选择要添加文字的形状后即可直接输入文字，也可以在形状上单击鼠标右键，在打开的快捷菜单中选择"编辑文字"命令。

2. 更改图形

选取要更改的形状，这时功能区会自动显示"绘图工具—格式"选项卡，在"插入形状"组中单击"编辑形状"按钮，在出现的下拉菜单中选择"更改形状"，然后选择其中一种形状即可更改。

3. 重调图形的形状

选取图形，如果形状包含橙色的圆形调整控点，则可重调该形状。某些形状没有调整控点，因此只能调整大小。将鼠标指针置于橙色的圆形调整控点上，按住鼠标左键并拖动控点则可更改形状。

4. 删除图形

在文档中选择要删除的图形，按键盘上的 Enter 键或 Delete 键即可。

2.5.4 "SmartArt"图形

"SmartArt"图形是信息和观点的视觉表示形式，也就是一系列已经成型的表示某种关系的逻辑图。"SmartArt"图形可以使文字之间的关联性更加清晰，更加生动，能让用户以专业设计师水准来设计文档。

将光标定位于要插入"SmartArt"图形的位置，单击"插入"选项卡"插图"分组中的"SmartArt"按钮，在打开的如图 2-34 所示的"选择 SmartArt 图形"对话框中，单击左侧的类别名称选择合适的类别，然后在对话框中部单击选择需要的"SmartArt"图形，此时右侧会出现用户选择的"SmartArt"图形的预览和介绍，最后单击"确定"按钮即可插入此图形。

在文档中插入了"SmartArt"图形后，此时会自动切换至"SmartArt 工具—设计"选项卡，在文档中的"SmartArt"图形左侧会显示"在此处键入文字"对话框，输入相应的文本内容即可，用户也可以直接在图形中输入文字。"SmartArt"图形的编辑有"SmartArt工具—设计"和"SmartArt 工具—格式"两个选项卡，通过这两个选项卡可以给"SmartArt"图形添加形状、改变布局、添加样式，还可以单独调整各元素的位置、大小、颜色、效果等。

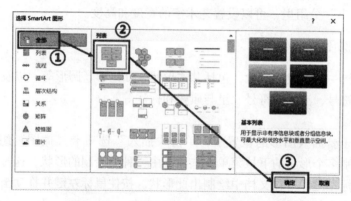

图2-34 "选择SmartArt图形"对话框

2.5.5 插入并设置图片

1. 插入图片文件

用户可以将多种格式的图片插入文档，从而创建图文并茂的文档，操作步骤如下：

将光标定位于需要插入图片的位置，单击"插入"选项卡的"插图"分组中的"图片"按钮，在下拉菜单中选择"此设备"命令，将打开"插入图片"对话框。找到并选中需要插入的图片，然后单击"插入"按钮。

也可在"图片"按钮的下拉菜单中选择"联机图片"命令，打开如图2-35所示的"插入图片"对话框，在"必应图像搜索"栏的文本框中输入要查找图片的关键词，单击右侧"搜索"按钮，在窗格的列表中将显示从网络上找到的所有符合条件的图片，选择所需图片并单击"插入"按钮。

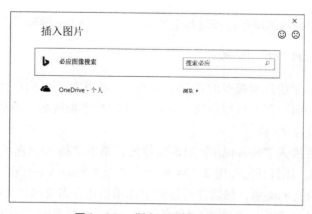

图2-35 "插入图片"对话框

2. 图片的格式设置

1）设置图片尺寸

插入的图片有时并不适合文档的需求，需要调整为适合的大小与文本进行搭配，呈现出合适的效果。在文档中，用户可以通过多种方式设置图片尺寸。

（1）拖动图片控制手柄。选中图片后，其周围会出现八个方向的圆形控制手柄。拖动四角的控制手柄可以按照宽高比例放大或缩小图片的尺寸，拖动四边的控制手柄可以向对应方向放大或缩小图片，但图片宽高比例将发生变化，从而导致图片变形。

（2）直接输入图片宽度和高度尺寸。如果用户需要精确控制图片在文档中的尺寸，可以选中需要设置尺寸的图片，在"图片工具—格式"选项卡的"大小"分组中，分别设置"宽度"和"高度"数值。

2）设置图片样式

在文档中插入的图片，默认状态下都是不具备样式的，而 Word 作为专业排版设计工具，为满足用户美化图片的需要，提供了一套精美的图片样式，供用户选择。这套样式不仅涉及图片外观的形状，还包括各种各样的图片边框、阴影等效果。

选中要设置的图片后，在"图片工具—格式"选项卡"图片样式"分组中，可以使用预置的样式快速设置图片的形状、边框、效果等格式。当鼠标指针悬停在一个图片样式上方时，Word 文档中的图片会即时预览实际效果。

除此之外，利用"图片样式"分组中的"图片边框""图片效果""图片版式"按钮还可以对图片进行更多自定义设置。

3）"图片工具—格式"选项卡的具体功能

（1）"调整"分组：调整和设置图片的亮度、对比度、颜色、艺术效果等，"重置图片"可以删除对图片的全部格式更改，返回初始设置。

（2）"图片样式"分组：设置图片边框和效果，"图片版式"可以把图片转换成"SmartArt"图形，也可以单击右下角的"小箭头"按钮，打开"设置图片格式"任务窗格进行更多的细节设置。

（3）"排列"分组：设置图片位置、环绕方式以及图片旋转、组合和对齐等。

（4）"大小"分组：可以对图片进行裁剪和设置图片大小，可以单击右下角的"小箭头"按钮打开"布局"对话框"大小"选项卡进行细节设置。

2.5.6 图文混排技术

在编辑文档的过程中，图文混排技术是常见的一类操作，合理的图文混排往往能使文档更美观、更有特色，同时，更易于用户理解。图文混排技术不仅仅针对图片，也适用于插入文档的其他对象，如文本框、形状、艺术字等。用户可以通过设置对象的"位置"和"环绕文字"来得到图文混排的效果。"位置"是对象在文档中放置的位置，而"环绕文字"则是文本内容绕着对象周围排列的方式。

默认情况下，插入文档中的图片的"环绕文字"类型为"嵌入型"环绕，即图片是作为字符插入文档，其位置随着其他字符的改变而改变，用户不能自由移动图片，同时由于受段落格式等的影响，过大的图片还可能显示不完全。而通过为图片设置"位置"和"环绕文字"方式，则可以自由移动图片的位置，方便地调整图片与它周围的文字、图形之间的关系。具体设置方法如下：

选中需要设置的图片，单击"图片工具—格式"选项卡"排列"分组中的"位置"按钮，在打开的预设位置列表中选择合适的位置和文字环绕方式。这些位置包括"顶端居左，四周型文字环绕""顶端居中，四周型文字环绕""顶端居右，四周型文字环绕""中间居左，四周型文字环绕""中间居中，四周型文字环绕""中间居右，四周型文字环绕""底端居左，四周型文字环绕""底端居中，四周型文字环绕""底端居右，四周型文字环绕"九种方式，如图2－36所示。

图2－36 "位置"按钮下拉列表

在"位置"按钮下拉列表中，还可以选择"其他布局选项"命令，在打开的如图2－37所示的"布局"对话框的"位置"选项卡中，可以对图片在页面中的水平和垂直位置进行精确的设置。其中"选项"部分的含义如下：

（1）勾选"对象随文字移动"复选框，图片将和某段文字关联，该段文字将和图片一起出现在同一页面中，设置将只能影响页面的垂直位置。

（2）勾选"锁定标记"复选框，图片在页面中的当前位置将被锁定。

（3）勾选"允许重叠"复选框，图片在页面中将能够盖住其他内容。

（4）勾选"表格单元格中的版式"复选框，将允许用表格来定位页面中的图片。

此处要注意，勾选"允许重叠"和"表格单元格中的版式"复选框后，若单击"确定"按钮，则"对象随文字移动"复选框和"锁定标记"复选框将被自动取消勾选。

如果希望在文档中设置更丰富的文字环绕方式，可以在选中需要设置的图片后，单击"图片工具—格式"选项卡"排列"分组中的"环绕文字"按钮，在如图2－38所示的下拉列表中选择合适的文字环绕方式。如果需要设置其他文字环绕方式，可选择下拉列表中的"其他布局选项"命令，打开如图2－39所示的"布局"对话框中的"文字环绕"选项卡设置。也可以选中图片后，单击图片右上角出现的"布局选项"按钮，同样可以设置图片的环绕方式。

Word 2016"环绕文字"菜单中每种文字环绕方式的含义如下：

（1）嵌入型：将图片嵌入字里行间。这种环绕方式可以保证在文章前后修改内容时图片与文字的相对位置固定不变。除嵌入型以外，其他文字环绕类型的图片都是浮动存在，调

图 2 – 37   "位置"选项卡

图 2 – 38   "环绕文字"按钮下拉列表

整上下文内容可能会造成图片相对位置的改变。

（2）四周型：不管图片是否为矩形图片，文字以矩形方式环绕在图片四周。

（3）紧密型环绕：如果图片是矩形，则文字以矩形方式环绕在图片周围；如果图片是

图2-39 "文字环绕"选项卡

不规则图形，则文字将紧密环绕在图片四周。

（4）穿越型环绕：文字可以穿越不规则图片的空白区域环绕图片。

（5）上下型环绕：文字环绕在图片上方和下方。

（6）衬于文字下方：图片在下、文字在上分为两层，文字将覆盖图片，图片可以作为文字背景或底纹。

（7）浮于文字上方：图片在上、文字在下分为两层，图片将覆盖文字。

（8）编辑环绕顶点：用户可以编辑文字环绕区域的顶点，实现更个性化的环绕效果。

2.6 打印文档

2.6.1 打印预览

打印Word文档前，可以对其进行预览。该功能可以根据文档的打印设置模拟文档打印在纸张上的效果。预览时可以及时发现文档中的版式错误，如果用户对打印效果不满意，也可以及时对文档的版面重新进行设置和调整，以获得满意的打印效果，避免纸张的浪费。打印预览的操作方法是单击"文件"→"打印"命令，在屏幕最右侧即可预览打印效果，如图2-40所示。用户可以在底部调整显示的比例以及当前显示的页面。

2.6.2 打印设置

在Word 2016中，用户可以设置打印选项以使打印设置更适合实际应用，且所进行的设置应适用于所有文档。单击"文件"→"打印"命令，在页面的中间窗格，可以根据需要修改"份数"的数值以确定打印文档的份数。单击"打印机"下拉列表，可以选择计算机

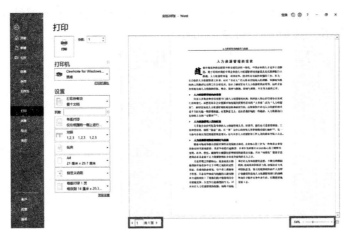

图2-40 打印预览

中安装的打印机。最后单击"打印"按钮即可开始文档的打印。

　　Word 2016默认的是打印文档中的所有页面，也可以单击"打印所有页"下拉列表根据需要选取其他的打印范围。"打印所有页"下拉列表中有以下几种打印范围：

　　（1）"打印所有页"选项，就是打印当前文档的全部页面。

　　（2）"打印当前页面"选项，就是打印光标所在的页面。

　　（3）"打印所选内容"选项，只打印选中的文档内容，但必须事先选中一部分内容才能使用该选项。

　　（4）"打印自定义范围"选项，只打印指定的页码。在下方"页数"栏中输入页码起始值即可。

2.7　Word高级应用

2.7.1　目录的创建与编辑

　　目录通常是文档不可缺少的部分。有了目录，用户就能很容易地知道文档中有什么内容，如何查找内容等。另外，目录也是书籍和论文中必不可少的部分。Word提供了自动创建目录的功能，使目录的制作变得非常简便，用户既不用费力地去手工制作目录、核对页码，也不必担心目录与正文不符，而且当文档发生改变后，还可以利用更新目录的功能来适应文档的变化。

　　1. 插入目录

　　Word通常是利用标题或大纲级别来创建目录的。因此，在创建目录之前，应确保希望出现在目录中的标题应用了内置的标题样式（标题1～标题9），也可以应用包含大纲级别的样式或自定义的样式。（具体方法详见2.3.3小节中的5. 样式）

　　一个文档的结构，可以从文章的"文档结构图"或"大纲视图"中看到。如果文档的结构性能比较好，创建出有条理的目录将会变得非常简单快速。

　　从标题样式创建目录的操作步骤如下：

（1）把光标移到要插入目录的位置。一般是创建在该文档的开头或结尾。

（2）单击"引用"选项卡"目录"分组中"目录"按钮，在弹出的下拉列表中选择"自定义目录"命令，打开如图2-41所示的"目录"对话框。

图2-41 "目录"对话框

如果要在目录中每个标题后面显示页码，则应选择"显示页码"复选框。如果选中"页码右对齐"复选框，则可以让页码右对齐。在"制表符前导符"列表框中可以指定标题与页码之间的制表位分隔符的样式。在"显示级别"列表框中指定目录中显示的标题层次，一般只显示三级目录即可。

在"格式"列表框中可选择目录的风格，选择的结果可以通过"打印预览"框来查看。如果选择默认的"来自模板"选项，将默认使用内置的目录样式（目录1~目录9）来格式化目录。如果要改变目录的样式，则可以单击"修改"按钮，按更改样式的方法修改相应的目录样式。并且只有选择"来自模板"选项时，"修改"按钮才有效。

（3）如果要使用自定义样式生成目录，首先需将希望出现在目录中的标题设置好自定义的样式，例如，可以将章一级标题自定义样式后命名为"一级标题"，节一级标题自定义样式后命名为"二级标题"，小节一级标题自定义样式后命名为"三级标题"。然后在如图2-41所示的"目录"对话框中单击右下角的"选项"按钮，打开如图2-42所示的"目录选项"对话框。先将"有效样式"对应的"目录级别"中的原有标题的目录级别删除，然后设置自定义样式的相应目录级别。例如，有效样式中"标题1"对应的"目录级别"是"1"（即默认为标题1样式是一级标题），将"1"删除，然后下拉滚动条找到自定义的样式"一级标题"，在其对应的"目录级别"中输入"1"。"二级标题""三级标题"同理设置。设置完成后，单击"确定"按钮。

2. 更新目录

有时插入目录后，还需对文档内容（如正文、标题等）进行修改，这就会使部分章节的名称、页号发生变化，此时就需要更新目录，否则修改过的内容就无法正确显示。更新目

图 2-42　"目录选项"对话框

录时，只需在文档内容修改后，在目录区域单击鼠标右键，在出现的快捷菜单中选择并单击"更新域"，在弹出的"更新目录"对话框中选择"更新整个目录"，目录立即被更新。

2.7.2　审阅修订

在一些文档（如论文等）完成之后，有时需要他人帮忙修改完善，此时使用审阅功能，修订者就可以留下自己的审阅痕迹，而文档作者也可以看到其他人的修改痕迹。修订的内容会通过修订标记显示出来，并且不会对原文档进行实质性的删减。

使用审阅修订功能的方法如下：单击"审阅"选项卡"修订"组中的"修订"命令，"修订"按钮此时处于选中状态。然后分别对文档中的文字进行修改、删除、插入等操作将出现修订后的效果，如图 2-43 所示。再次单击"修订"按钮，将退出文档的修订状态。

除此之外，还可以在文档中添加批注说明对文档的修改建议。首先选中要添加批注的文字，然后单击"审阅"选项卡"批注"组中的"新建批注"命令，文档右侧将出现灰色的标记区，此时就可以输入批注的内容了。

当审阅修订和批注时，可以接受或拒绝每项更改。将光标放在文档开始处，在"审阅"选项卡"更改"组中单击"上一处"或"下一处"按钮可以选中各个修改处，单击"接受"或"拒绝"按钮可以修改文档。若要更改批注，则可以单击"批注"分组中的"上一条""下一条""删除"按钮来进行设置。

2.7.3　文档校对

1. 校对拼写和语法

用户在使用文档输入文本时，经常会在一些字词的下面看到红色和蓝色的波浪线。这些波浪线是由 Word 的拼写和语法检查功能提供的，这种功能非常有利于用户发现在编辑过程

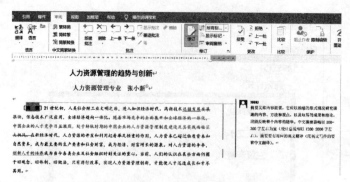

图 2-43 文档修订后的效果

中出现的拼写或语法错误。

使用拼写和语法检查功能的方法如下：

单击"审阅"选项卡"校对"组中的"拼写和语法"按钮，打开"语法"任务窗格，此时会定位到第一个有拼写和语法错误的地方，用户可根据情况选择是否修改，对有错误的词组进行"更改"或"忽略"后，将自动跳转到下一个错误处。

2. 统计文档字数

当完成对文档的创建和编辑后，可通过字数统计信息查看文档的页数、字数、字符数、行数、段落数等信息。具体方法如下：

单击"审阅"选项卡"校对"组中的"字数统计"按钮，弹出"字数统计"对话框，即可显示出统计出来的具体信息，如页数、字数、段落数、行数等。

习题

1. Word 2016 中的视图方式有哪些？分别有什么特点？

2. 在 Word 2016 中如何选定文本？请举例说明。

3. 字符格式和段落格式的区别是什么？

4. 什么是样式？如何创建新样式？

5. 如何删除表格中的文字？如何删除整个表格？

6. Word 2016 有哪些环绕方式？

7. 如何给一篇文档设置"自动添加目录"？

第3章 演示文稿制作软件

PowerPoint 2016 是微软公司推出的办公自动化软件 Office 2016 的核心组件之一，是一个功能强大且非常实用的演示文稿制作软件，可以集文字排版、图形编辑、图片处理、动画设置、音视频使用等功能于一体，能达到较佳的演示效果，被广泛运用于教学培训、讲座汇报、会议总结、产品演示和广告宣传等领域。

3.1 PowerPoint 2016 的基本操作

本节介绍 PowerPoint 2016 用户界面及其基本操作，要求读者掌握 PowerPoint 2016 各功能区，以及创建、打开、关闭和保存演示文稿等基本操作，以达到熟练操作的目的。由于演示文稿的基本操作过程与 Word 相似，本节不再进行详细介绍。

3.1.1 PowerPoint 工作界面

启动 Microsoft PowerPoint 2016 后，可以看到如图 3 – 1 所示的 PowerPoint 2016 工作界面，下面对窗口中主要部分进行介绍。

1. 快速访问工具栏

"快速访问工具栏"位于界面左上角，可以快速访问频繁使用的命令。将命令添加到"快速访问工具栏"，可以单击右侧的"自定义快速访问工具栏"下拉按钮 ⤓，在下拉菜单中选中需要添加的命令项；或者在下拉菜单中选择"其他命令"，在"PowerPoint 选项"对话框中点选左侧列表的命令项，单击"添加"按钮，单击"确定"；也可以单击"文件"菜单，选择"选项"，同样可以打开"PowerPoint 选项"对话框添加命令。

2. 标题栏

标题栏位于界面的最顶端，显示当前演示文稿的文件名。启动 PowerPoint 2016 后，系统自动建立一个空白演示文稿，默认名称为"演示文稿1"。界面右上角的三个按钮分别为窗口最小化（▬）、最大化（▢）和关闭按钮（✕）。

3. "文件"菜单

"文件"菜单位于功能区的左上角，单击"文件"按钮，在下拉菜单中可执行新建、打开、保存和打印等操作。

4. 功能选项卡

PowerPoint 2016 的各种操作基本集成在各功能选项卡中，每个选项卡中包含了许多不同类型的功能组块，不同的功能组块又包含了与其相关的命令按钮或列表框，每个选项卡都与一种类型的活动相关，而功能区中的某些选项卡只有在需要时才显示。

图 3 – 1 Microsoft PowerPoint 2016 工作界面

5. 大纲/幻灯片浏览窗格

大纲/幻灯片浏览窗格用于显示演示文稿的幻灯片数量及位置,通过它可以更加方便地掌握演示文稿的结构,包括"幻灯片"和"大纲"两种窗格。

(1)"幻灯片"窗格:显示整个演示文稿的幻灯片编号和缩略图。可快速定位到指定幻灯片,对幻灯片进行添加、删除或调整顺序,但不能直接编辑其内容。可单击选定某张幻灯片,在幻灯片编辑区中对其进行编辑。

(2)"大纲"窗格:显示当前演示文稿中各张幻灯片的文本内容。可快速定位到指定幻灯片,直接编辑其文本内容。

6. 幻灯片编辑窗口

幻灯片编辑窗口是编辑幻灯片内容的主要场所,是演示文稿的核心部分,可编辑幻灯片的内容、查看和添加对象。

7. 备注窗格

备注窗格位于幻灯片编辑窗口的下方,主要用于添加提示内容、注释信息和相关说明。其内容并不向观众播放,而是为了帮助演讲者更好地掌握和讲解幻灯片中展示的内容。

8. 状态栏

状态栏位于界面最底端,用于显示当前演示文稿的常用参数及工作状态。状态栏左侧显示幻灯片的总页数、当前幻灯片编号等。状态栏右侧为视图切换按钮及显示比例,单击不同的视图切换按钮,可切换到不同的视图模式;拖动显示比例栏中的滑块,可将幻灯片编辑窗口调整到用户需要的大小。

3.1.2 PowerPoint 视图切换

PowerPoint 2016 以不同视图方式来显示幻灯片内容,更便于用户演示和编辑幻灯片。包括普通视图、大纲视图、幻灯片浏览视图、备注页视图和阅读视图五种视图模式。

1. 普通视图

普通视图是 PowerPoint 默认的视图模式,共包含幻灯片窗格、大纲窗格和备注窗格三种窗格。幻灯片窗格除了可以查看每张幻灯片中的文本外观,还可以在单张幻灯片中添加图形、影片和声音，并创建超级链接和添加动画；大纲窗格可以键入演示文稿中的所有文本，重新排列项目符号点、段落和幻灯片；备注窗格可以添加与观众共享的演说者备注或信息。

2. 大纲视图

大纲视图含有大纲窗格、幻灯片缩图窗格和幻灯片备注页窗格。在大纲窗格中显示演示文稿的文本内容和组织结构，不显示图形、图像、图表等对象。在大纲视图下编辑演示文稿，可以调整各幻灯片的前后顺序；在一张幻灯片内可以调整标题的层次级别和前后次序；可以将某张幻灯片的文本复制或移动到其他幻灯片中。

3. 幻灯片浏览视图

在幻灯片浏览视图中，幻灯片以缩略图方式整齐地显示在同一窗口中，用户可以同时看到演示文稿中的所有幻灯片，可以看到改变幻灯片的背景设计、配色方案或更换模板后文稿发生的整体变化，可以检查各张幻灯片是否前后协调、图标的位置是否合适等；同时，也可以在幻灯片之间添加、删除或移动幻灯片，以及选择幻灯片之间的动画切换。

4. 备注页视图

备注页视图主要用于为演示文稿中的幻灯片添加备注内容或对备注内容进行编辑修改，无法对幻灯片的内容进行编辑。页面上方显示当前幻灯片的内容缩览图，下方显示备注内容占位符。单击该占位符，向占位符中输入内容，即可为幻灯片添加备注内容。

5. 阅读视图

阅读视图并不是显示单个静止画面，而是以动态形式显示演示文稿中的各幻灯片。用户可以利用该视图进行检查，从而对不满意的地方及时进行修改。

6. 视图切换方式

（1）通过"视图"选项卡切换：单击"视图"选项卡"演示文稿视图"组中的不同视图模式按钮，可以实现视图的切换。

（2）通过状态栏的"视图"按钮切换：在 PowerPoint 2016 状态栏的右侧，从左往右依次为普通视图、幻灯片浏览视图、阅读视图三个视图按钮。单击不同的视图按钮，可以在不同的视图中切换。

3.1.3　演示文稿的创建、打开和关闭

1. 演示文稿的创建

启动 PowerPoint 2016 时，系统会自动新建一个名为"演示文稿1"的空白演示文稿。若要再新建空白演示文稿，可按"Ctrl + N"组合键，或单击"文件"选项卡下拉菜单中的"新建"项，在右侧窗口中单击"空白演示文稿"项。

新建空白演示文稿，还可以使用"快速访问工具栏"上的"新建"按钮（注意："新建"按钮需要自己添加到快速访问工具栏，详见 3.1.1 小节）。

2. 演示文稿的打开

（1）直接双击打开。Windows 操作系统会自动将 . ppt、. pptx、. pot、. pots、. pps、. ppsx 等格式的演示文稿、演示模板文件进行关联，只需直接双击这些文档，即可在启动 PowerPoint 2016 的同时打开指定的演示文稿。

（2）通过"文件"菜单打开。执行"文件→打开→浏览"命令，在弹出的"打开"对话框中选择需要打开的文件，单击"打开"按钮。或者执行"文件→打开→最近"命令，在

"最近"列表中列出了最近使用过的 25 个演示文稿，单击某个演示文稿名称即可将其打开。

（3）通过快速访问工具栏打开。将"打开"命令添加到快速访问工具栏中，单击"打开"命令按钮，通过单击"浏览"或"最近"命令重复第（2）步骤。

（4）使用组合键打开。在 PowerPoint 2016 窗口中，直接按"Ctrl + O"组合键，单击"浏览"按钮弹出"打开"对话框，选择需要打开的演示文稿。

3．演示文稿的关闭

（1）直接单击 PowerPoint 2016 工作界面右上角的"关闭"（X）按钮。

（2）在 PowerPoint 2016 中执行"文件→关闭"命令，可关闭打开的演示文稿。

（3）在 Windows 任务栏中用鼠标右键单击 PowerPoint 2016 程序图标按钮，从弹出的快捷菜单中选择"关闭窗口"命令，关闭当前演示文稿。

（4）在键盘上按"Alt + F4"组合键，关闭当前演示文稿。

（5）单击 PowerPoint 2016 左上角的空白区域，在下拉列表中选择"关闭"按钮，即可关闭当前演示文稿。

3.1.4 演示文稿的保存

为避免数据意外丢失，可在演示文稿的创建和编辑过程中进行保存。保存演示文稿的方式主要有常规保存、另存为、自动保存三种。

1．常规保存

（1）单击"文件"选项，在下拉菜单中选择"保存"项。

（2）在快速访问工具栏中单击"保存"（⊡）按钮。

（3）在键盘上按"Ctrl + S"组合键。

演示文稿首次保存时会弹出"另存为"对话框，供用户选择保存位置，输入文件名称，选择保存类型，然后单击"保存"按钮。若非首次保存，任选以上一种方法操作之后，系统会直接进行保存，不再弹出"另存为"对话框。

2．另存为

另存一份演示文稿是指在其他位置或以其他名称保存已保存过的演示文稿的操作。若要将演示文稿另存，可在"文件"选项卡中选择"另存为"这项，在"另存为"对话框中重新设置演示文稿的保存位置、名称、类型等，然后单击"保存"按钮，能保证其编辑操作对原文档不产生影响，相当于将当前打开的演示文稿做一个备份。

3．自动保存

PowerPoint 2016 具有自动备份文件的功能，每隔一段时间系统会自动保存一次文件。若使用该功能，即使在退出 PowerPoint 2016 之前未保存文件，系统也会恢复到最近一次的自动备份文件。

单击"文件"选项卡下拉菜单中的"选项"命令，打开"PowerPoint 选项"对话框，选择左侧的"保存"选项卡，在右侧设置文件的保存格式、文件自动保存的时间间隔、自动恢复文件位置和默认文件位置，单击"确定"按钮。在 PowerPoint 2016 中执行"文件→打开→最近"命令，在右侧窗格中单击"恢复未保存的演示文稿"按钮，即可打开需要恢复的文件。

3.1.5　幻灯片的编辑

演示文稿中的每一页称为幻灯片，幻灯片是演示文稿的重要组成部分，在 PowerPoint 2016 中编辑幻灯片时，主要有选择、插入、移动、复制、删除和隐藏幻灯片等操作。

1. 选择幻灯片

（1）选择单张幻灯片：在普通视图或幻灯片浏览视图下，直接单击需要的幻灯片。

（2）选择全部幻灯片：在普通视图或幻灯片浏览视图下，按"Ctrl + A"组合键，可以选中当前演示文稿中的所有幻灯片。

（3）选择连续的多张幻灯片：首先单击起始编号的幻灯片，然后按住"Shift"键，单击结束编号的幻灯片，此时两张幻灯片之间的多张幻灯片被同时选中。

（4）选择不相连的多张幻灯片：先选中一张幻灯片，然后在按住"Ctrl"键的同时，单击编号不相连的其他幻灯片，这时多张编号不相连的幻灯片被同时选中。若在按住"Ctrl"键的同时，再次单击选中的幻灯片，则取消选择该幻灯片。

（5）拖动鼠标框选幻灯片：在幻灯片浏览视图下，将鼠标定位到界面空白处或幻灯片之间的空隙中，按下鼠标左键拖动，鼠标滑过的幻灯片都将被选中。

2. 插入幻灯片

1）通过"幻灯片"选项组插入

在"开始"选项卡的"幻灯片"组中单击"新建幻灯片"按钮，可插入一张默认版式的幻灯片。当需要应用其他版式时，可单击"新建幻灯片"按钮右下方的下拉按钮，在弹出的菜单中选择需要的版式，如图 3 - 2 所示。

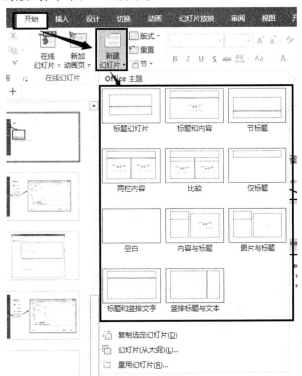

图 3 - 2　"新建幻灯片"的下拉菜单

2）通过右键单击插入

用鼠标右键单击一张幻灯片，在弹出的快捷菜单中选择"新建幻灯片"命令，即可在选中的幻灯片之后插入一张版式相同的新幻灯片。

3）通过"Enter"键插入

选择一张幻灯片，然后按"Enter"键，或按"Ctrl+M"组合键，即可快速插入一张与选中幻灯片具有相同版式的新幻灯片。

3. 移动与复制幻灯片

在 PowerPoint 2016 中，可根据需要随时移动与复制幻灯片，操作步骤详见表3-1。

表3-1 移动与复制幻灯片的操作方法

操作方法	移动幻灯片	复制幻灯片
粘贴法	（1）选中需要操作的幻灯片	
	（2）单击"开始"选项卡的"剪切"按钮；或者单击鼠标右键，在弹出的快捷菜单中选择"剪切"命令；或者按"Ctrl+X"组合键，即可实现剪切操作	（2）单击"开始"选项卡中的"复制"按钮；或者单击鼠标右键，在弹出的快捷菜单中选择"复制"命令；或者按"Ctrl+C"组合键，即可实现复制操作
	（3）将光标定位到需要插入幻灯片的位置，单击"开始"选项卡的"粘贴"按钮；或者单击鼠标右键，在弹出的快捷菜单中选择"粘贴选项"命令；或者按"Ctrl+V"组合键，即可实现粘贴操作	
拖动法	（1）先选中需要操作的幻灯片	
	（2）按住鼠标左键不放，将其拖动到当前演示文稿的目标位置后再放开鼠标	（2）按住鼠标左键，同时按住"Ctrl"键进行拖动，到达当前演示文稿的指定位置时，放开鼠标左键，再松开"Ctrl"键

注意：如果在两个演示文稿之间移动幻灯片，实现的是复制功能，而非移动功能。先在任一演示文稿中单击"视图"选项卡的"全部重排"按钮，系统将两个演示文稿显示在同一个界面，选择要移动的幻灯片，按住鼠标左键不放，拖动至另一演示文稿中，再释放鼠标。

4. 删除幻灯片

选择要删除的幻灯片，单击鼠标右键，在弹出的快捷菜单中选择"删除幻灯片"命令，或者直接按"Delete"键删除。

5. 隐藏幻灯片

可将暂时不需要的幻灯片进行隐藏，使其在幻灯片放映状态下不播放出来。在编辑状态下，在幻灯片窗格中选择需要隐藏的幻灯片缩略图，单击鼠标右键，从快捷菜单中选择"隐藏幻灯片"命令。

3.2 幻灯片的格式化

幻灯片主要包含了文本、图形、图片、图表、音视频、主题、版式等元素，因此幻灯片的格式化就是针对幻灯片各元素进行格式设置。由于添加与设置个别元素的操作过程和 Word 相似，本节对文本、段落、图片、形状、SmartArt 图等对象的操作过程不做详细介绍。

3.2.1 文本的添加与排版

文本是表达幻灯片内容的重要元素之一，对文本格式进行设置，对文本段落进行排版，有助于更好地呈现幻灯片的文本内容。

1. 文本格式设置

1）输入文本

当幻灯片中有占位符时，单击文本占位符，此时矩形框中出现一个闪烁的"I"形插入光标，表示可以直接输入文本内容；输入完毕后，单击文本占位符以外的位置即可结束输入。

当幻灯片中无占位符时，单击"插入"选项卡的"文本框"下拉按钮，选择"横排文本框"或"垂直文本框"命令，在幻灯片编辑窗口中，按住鼠标左键不放拖动出大小合适的矩形框后，放开鼠标完成文本框的插入，然后输入文本。

2）设置文本格式

选中需要设置格式的文本，单击"开始"选项卡"字体"组中的相应按钮，对文本的字体、字号、加粗、倾斜、下划线、字符间距等进行设置。可以单击"字体"组右下角的对话框按钮，在"字体"对话框中，对"字体"和"字符间距"选项卡的选项进行设置。也可以用鼠标右键单击选中的文本，在下拉快捷菜单中选择"字体"按钮，在弹出的"字体"对话框中进行相应设置。

2. 文本段落排版

选中需要排版的文本段落，单击"开始"选项卡"段落"组中的相应按钮，对段落的项目符号、编号、行间距、对齐方式等进行设置。可以单击"段落"选项组右下角的对话框按钮，在"段落"对话框中，对"缩进和间距""中文版式"的选项进行设置。也可以用鼠标右键单击选中的文本段落，在下拉快捷菜单中选择"段落"按钮，设置"段落"对话框来给段落排版。

1）设置段落项目符号和编号

单击"段落"选项组的项目符号按钮或项目编号按钮，在下拉列表中选定合适的项目符号或编号，或者打开"项目符号和编号"对话框，对项目符号和编号进行更多的设置和选择。也可以用鼠标右键单击选中的文字，在快捷菜单中选择"项目符号"或"编号"命令，为选定的文字或段落设置项目符号或编号，如图 3-3 和图 3-4 所示。

2）设置段落对齐方式

先选定文本框或文本框中的某段文字，再单击"段落"选项组的左对齐、居中对齐、右对齐、两端对齐或分散对齐等按钮进行设置，或者在快捷菜单中选择"段落"

79

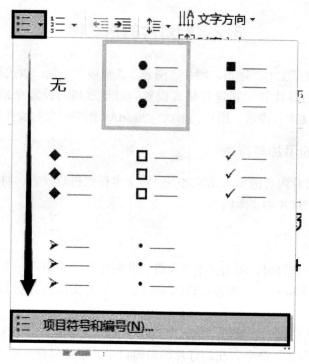

图3-3 "项目符号"下拉菜单

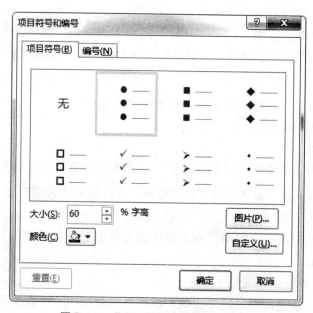

图3-4 "项目符号和编号"对话框

命令，在弹出的"段落"对话框中进行设置。

3）设置段落缩进量

选定需设置缩进的文本，单击"段落"选项组的"降低列表级别"按钮和"提高列表级别"按钮；或拖动标尺上的缩进标记，对段落进行缩进设置；也可以在"段落"对话框中进行精确的设置。

4）设置段落行间距

选定文字或段落，单击"段落"组的行距按钮≡，对行距进行快速设置；也可以调出"段落"对话框，对行距、段前段后间距进行统一设置。

3. 创建艺术字

艺术字是一种特殊的图形字体，使用艺术字可以为幻灯片添加特殊文字效果。创建艺术字主要有两种方法。

1）直接插入法

单击"插入"选项卡的"艺术字"按钮，在列表中选择一种艺术字样式后，艺术字文本框立即插入幻灯片中，在"请在此放置您的文字"文本框中输入文本内容即可。

2）文字转换法

选中需要转换的普通文本，功能区临时出现绘图工具"格式"选项卡，在"格式"选项卡的"艺术字样式"选项组中单击艺术字下拉列表，选择一种艺术字样式，选中的普通文本即可转换为艺术字，如图 3－5 所示。创建艺术字之后，可在"开始"选项卡的"字体"组中设置文本的字体和字号，在"绘图工具"的"格式"选项卡中设置艺术字的样式和效果。

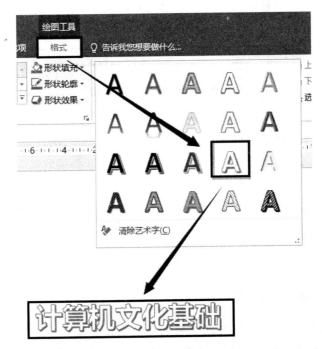

图 3－5　普通文本转换为艺术字

3.2.2　图像的插入与设置

图像是幻灯片可视化呈现的重要元素之一，能起到修饰和增强效果的作用。图像的设置与使用是指对幻灯片中的图片、截图等对象进行编辑和格式设置，其插入和设置方法与 Word 中的操作相同。

1. 插入图片

单击"插入"选项卡的"图片"按钮，在"插入图片"对话框中选定要插入的图片，单击"插入"按钮，图片插入幻灯片编辑窗口后可以调整图片大小和位置。

2. 插入屏幕截图

单击"插入"选项卡的"屏幕截图"按钮，选择"屏幕剪辑"命令，如图3-6所示；当指针变成"十"字时，按住鼠标左键不放进行拖动，以框选需要捕获的屏幕区域；松开鼠标后，即可将屏幕截图插入幻灯片中。

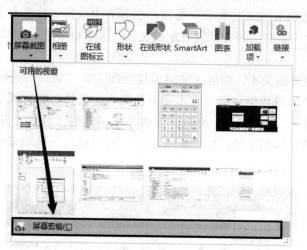

图3-6　选择"屏幕剪辑"命令

3. 图像处理

在幻灯片中插入图片或屏幕截图后，功能区会自动出现"图片工具"的"格式"选项卡，选中图片，可根据需要对图片的亮度、颜色、饱和度、滤镜效果等进行调整，并从图片样式、排列、大小等方面进行设置，如图3-7所示。

图3-7　"图片工具"的"格式"选项卡

3.2.3　插图的插入与设置

插图也是提升幻灯片可视化呈现的重要元素之一，主要包括"形状""SmartArt 图""图表"三类内容，其插入和设置方法与 Word 中的操作相同。

1. 插入形状

单击"插入"选项卡的"形状"按钮，在下拉列表中选择一个形状，鼠标指针变成"十"字形状，在幻灯片编辑窗口中，按住鼠标左键不放，往右下角拖动，直至看到完整的形状时，便可松开鼠标。

选中该形状，在幻灯片的功能区会自动出现"绘图工具"的"格式"选项卡，如图3-8所示，可根据情况考虑是否对形状的样式、排列、大小等内容进行设置。

图 3-8　"绘图工具"的"格式"选项卡

2. 插入 SmartArt 图

单击"插入"选项卡的"SmartArt"按钮，在"选择 SmartArt 图形"对话框中选择一种 SmartArt 图，单击"确定"按钮。在插入的 SmartArt 图左侧"文本"窗格中单击"文本"选项，输入文本内容，如图 3-9 所示。功能区会自动出现"SmartArt 工具"的"设计"和"格式"选项卡，可对 SmartArt 图的布局、样式、颜色等进行设置。

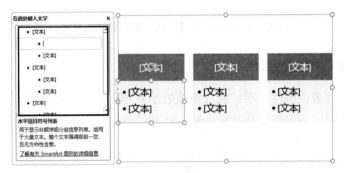

图 3-9　为 SmartArt 图添加文字

3. 插入图表

单击"插入"选项卡的图表按钮，在如图 3-10 所示的"插入图表"对话框中选择一种图表类型，单击"确定"按钮，可在幻灯片中插入图表。同时会生成一个 Excel 表格，输入文本内容，图表会根据 Excel 表中的文本内容自动更新，如图 3-11 所示。

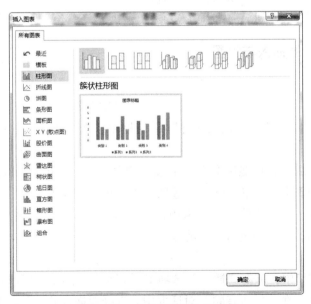

图 3-10　"插入图表"对话框

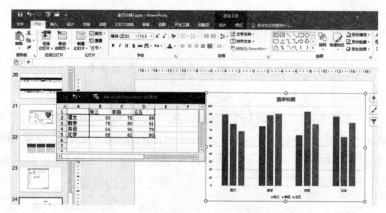

图 3 – 11 图表根据 Excel 文本内容进行更新

3.2.4 表格的插入与设置

表格可以代替许多说明性文字，能直观地展示数据内容，其插入和设置方法与 Word 中表格的操作大体相同，主要包括拖动法、输入法和绘制法三种方法，操作步骤详见表 3 – 2。

表 3 – 2 拖动法、输入法和绘制法的操作步骤

拖动法	输入法	绘制法
将光标定位于需要插入表格的幻灯片中，单击"插入"选项卡的"表格"按钮		
在下拉列表的表格区域拖动鼠标，选中合适的行和列数量，松开鼠标即可在页面中插入相应的表格	在下拉列表中选择"插入表格"命令，在弹出的"插入表格"对话框中分别输入表格行数和列数，单击"确定"按钮	在下拉列表中选择"绘制表格"命令，鼠标指针变为笔形，按住鼠标左键拖动鼠标即可绘制出表格

3.2.5 音视频的插入与设置

1. 插入视频

在幻灯片编辑窗口中，单击"插入"选项卡"媒体"组中的"视频"下拉箭头，选中"PC 上的视频"命令，在"插入视频文件"对话框中，选择要嵌入的视频，单击"插入"按钮。

视频插入幻灯片之后，功能区会自动出现"视频工具"，包含"格式"和"播放"两个选项卡，如图 3 – 12 所示。在"格式"选项卡中，可对视频的亮度、颜色、样式、大小、排列形式等进行调整。在"播放"选项卡中，既可以设置视频开始播放的方式，也可以单击"裁剪视频"按钮，对视频进行适当裁剪。

2. 插入音频

在幻灯片编辑窗口中，单击"插入"选项卡"媒体"组中的"音频"下拉箭头，选中"PC 上的音频"命令，在"插入音频"对话框中，选择要嵌入的音频，单击"插入"按钮。

音频插入幻灯片之后，幻灯片编辑窗口出现一个"小喇叭"图标，可将其拖动到相应位置。功能区会自动出现"音频工具"，包含"格式"和"播放"两个选项卡。在"格式"

图 3 – 12   "视频工具"的"播放"选项卡

选项卡中，可对"小喇叭"图标的亮度、颜色、艺术效果、样式、大小、排列形式等进行调整。在"播放"选项卡中，可设置音频开始的播放方式，可单击"裁剪音频"按钮对音频进行裁剪；如果要隐藏"喇叭"图标，可勾选"放映时隐藏"复选框，如图 3 – 13 所示。

图 3 – 13   设置音频播放

3.2.6   版式的应用

　　幻灯片版式包含了幻灯片上全部内容的格式设置、位置和占位符。演示文稿中的每张幻灯片都是基于某种自动版式创建的，系统提供了如图 3 – 14 所示的 11 种幻灯片版式，每种版式预定义了新建幻灯片的各种占位符的布局情况，供新建幻灯片使用，如果找不到合适的版式，也可以选择"空白"版式，然后通过插入对象的方式自行设计版式。版式由多种占位符组成，占位符是指创建新幻灯片时出现的虚线方框。可单击"开始"选项卡的"版式"按钮，或者用鼠标右键单击选中的幻灯片，在下拉菜单中选择"版式"命令，在打开的 11 种幻灯片版式中选择并更改当前版式，应用一个新版式时，所有文本和对象都保留在幻灯片中，但必须重新排列它们，以使其适应新的版式。

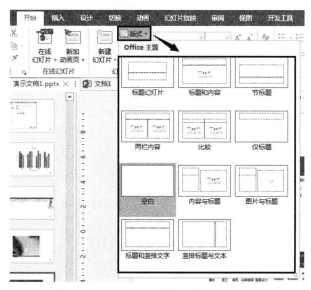

图 3 – 14   11 种幻灯片版式

3.2.7　主题样式的修改

幻灯片主题是指对幻灯片的标题、文字、图表、背景等项目设定的一组配置，是应用于整个演示文稿的各种样式的集合，包括颜色、字体和效果等。在"设计"选项卡的"主题"选项组中提供了多种幻灯片主题，在下拉列表中选择一个预置的主题，整个演示文稿将套用该主题样式，如图3-15所示。

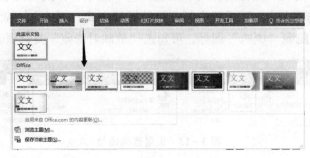

图3-15　PowerPoint 2016 预置主题

1. 设置主题颜色

PowerPoint 提供了多种预置的主题颜色。单击"设计"选项卡"变体"组中的"颜色"按钮，在下拉菜单中选择主题颜色，如图3-16所示。若选择"自定义颜色"命令，打开如图3-17所示的"新建主题颜色"对话框，在该对话框中可以设置各种类型的颜色。设置完后，在"名称"文本框中输入名称，单击"保存"按钮，将其添加到"主题颜色"菜单中。

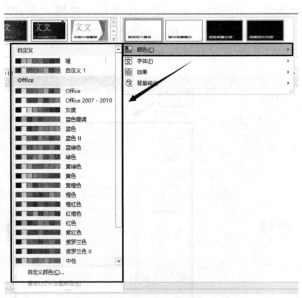

图3-16　颜色样式下拉列表

2. 设置主题字体

字体也是主题中的一种重要元素。在"设计"选项卡的"变体"组中单击"字体"按钮，从弹出的下拉菜单中选择预置的主题字体，如图3-18所示。若选择"新建主题字体"

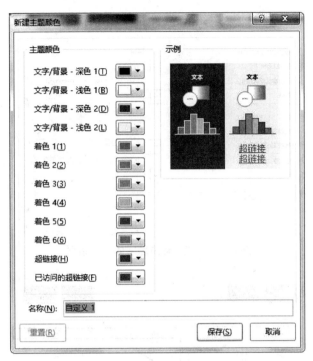

图 3 – 17 "新建主题颜色"对话框

命令，打开"新建主题字体"对话框，则可以设置标题字体、正文字体等，如图 3 – 19
所示。

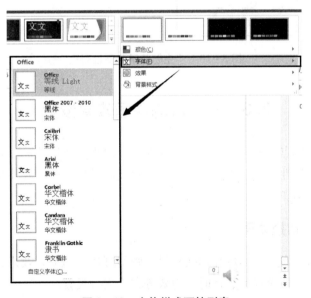

图 3 – 18 字体样式下拉列表

3. 设置主题效果

主题效果提供了一些图形元素和特效。单击"设计"选项卡"变体"组中的"效果"
按钮，可从弹出的下拉列表中选择内置的主题效果样式，如图 3 – 20 所示。

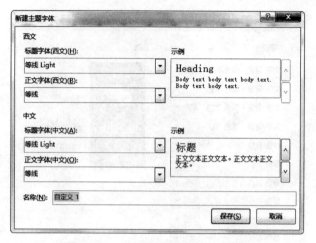

图 3 – 19 "新建主题字体"对话框

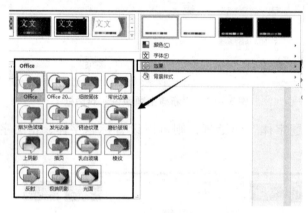

图 3 – 20 "主题效果"下拉列表

3.3 幻灯片的动画效果设置

演示文稿的最大特点是利用丰富的动画功能来突出重点或增加演示效果,使展示效果更加生动活泼,充满趣味性。演示文稿主要包含三种动画效果:幻灯片切换动画、幻灯片页内动画、超链接交互动画。

3.3.1 幻灯片切换动画

幻灯片切换动画是指一张幻灯片切换到另一张幻灯片时的动画效果,设置幻灯片的切换动画时,包括对动画的切换效果、计时、声效等方面进行设置。

1. 设置切换效果

先选中一张幻灯片,打开"切换"选项卡,在"切换到此幻灯片"组中,单击"其他"按钮 ▾,在下拉列表中可以看到多种切换动画效果,如图 3 – 21 所示,单击选择一种动画效果,可将切换效果应用于该幻灯片。若需要更改切换效果的属性,可单击"效果选项"下拉列表,选择所需的切换效果动作方式,如图 3 – 22 所示。

图 3-21 多种切换动画效果

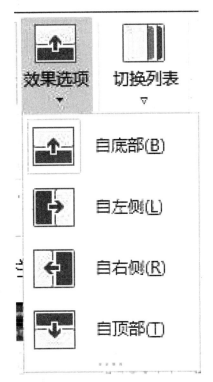

图 3-22 动画"效果选项"下拉列表

2. 设置计时

若要设置相邻两张幻灯片之间切换效果的持续时间，则可在"切换"选项卡"计时"组的"持续时间"框中输入所需的持续时间。

在"计时"选项组"换片方式"区域中勾选"单击鼠标时"复选框，表示需要通过单击鼠标才能切换幻灯片；若取消该复选框的勾选，而勾选"设置自动换片时间"复选框，则表示经过所设置的时间后演示文稿会自动切换至下一张幻灯片，不需要单击。PowerPoint可同时使用这两种换片方式，如图 3-23 所示。

图3-23 计时组面板的"持续时间"和"换片方式"

3. 设置声效

在"切换"选项卡的"计时"组中单击"声音"旁的下拉按钮，展开系统内置的声音列表，从中选择并单击所需的声音，如图3-24所示。也可以选择"其他声音"，然后从本地电脑上找到要添加的声音文件作为切换效果的声音。

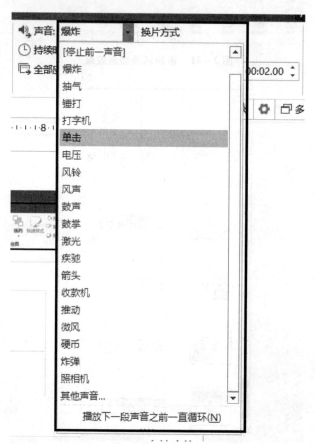

图3-24 "声音"下拉列表

若要使所有幻灯片应用与此相同的切换效果（包括切换、计时、声效的设置），则可在"切换"选项卡的"计时"选项组中单击"全部应用"按钮，如图3-25所示。

图3-25 单击"全部应用"按钮

4. 删除幻灯片切换效果

若要删除幻灯片的切换效果，则要先选中需要删除切换效果的幻灯片，在"切换"选项卡的"切换到此幻灯片"组中单击"无"切换效果，若要删除所有幻灯片中的切换效果，同时单击"全部应用"按钮，如图3-26所示。

图3-26 所有幻灯片应用"无"切换效果

3.3.2 幻灯片页内动画

幻灯片页内动画是指为幻灯片内部各个对象设置自定义动画效果，这些对象包括文本、图形、图像、表格、图表和 SmartArt 图等，可添加进入动画、强调动画、退出动画和动作路径动画等。

进入动画是指对象在进入放映屏幕时的动画效果。强调动画是为了突出幻灯片中某部分内容而设置的特殊动画效果。退出动画是为幻灯片的对象退出屏幕时设置的动画效果。路径动画是指可以让对象沿着预定的路径运动，PowerPoint 不仅提供了大量预设的路径效果，还可以由用户自定义路径动画。添加进入、强调、退出、路径动画的过程大体相同，下面以添加进入动画为例介绍添加动画的过程。

选中需要添加进入动画的对象，打开"动画"选项卡，单击"动画"选项组中的"其他"按钮（ ▾ ），在下拉列表的"进入动画"选项组中选择一种进入效果，即可为该对象添加进入动画效果，如图3-27所示。选择"更多进入效果"命令，将打开"更改进入效果"对话框，在该对话框中可以选择更多的进入动画效果，如图3-28所示。

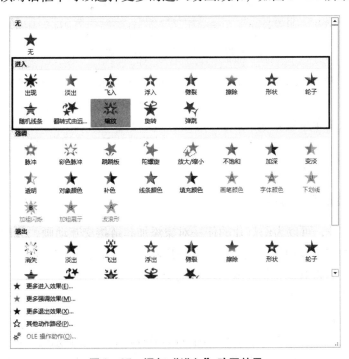

图3-27 添加"进入"动画效果

另外，在"高级动画"选项组中单击"添加动画"按钮，同样可以在下拉列表框的"进入"选项组中选择内置的进入动画效果，如图3-29所示。若选择"更多进入效果"命

图 3 - 28 "更改进入效果"对话框

令,则打开"添加进入效果"对话框,在该对话框中同样可以选择更多的进入动画效果,如图 3 - 30 所示。

注意:当需要给单个对象添加动画时,既可以通过"动画"选项组添加,也可以通过"高级动画"选项组的"添加动画"进行添加。当需要给单个对象添加多个动画效果时,只能通过"高级动画"选项组的"添加动画"进行添加。

3.3.3 超链接交互动画

在 PowerPoint 中,可以为幻灯片的任一对象添加超链接交互动画,放映幻灯片时,可以在添加了超链接的文本或动作按钮上单击,程序将自动跳转到指定页面或执行指定程序。添加超链接和动作按钮将有助于提高演示文稿的交互性。

1. 设置超链接的三种方法

1)添加超链接

超链接只有在幻灯片放映时才有效。在 PowerPoint 中,通过超链接可以跳转到当前演示文稿中的特定幻灯片、其他演示文稿中的特定幻灯片、电子邮件地址、文件或网页等,只有幻灯片中的对象才能添加超链接。

选定幻灯片中要创建超链接的对象,单击"插入"选项卡"链接"组中的"超链接"按钮,弹出"插入超链接"对话框,如图 3 - 31 所示。

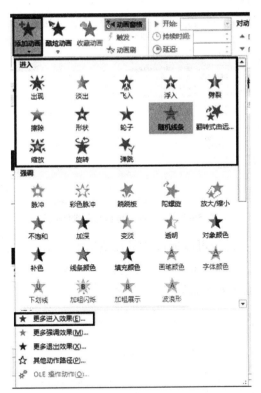

图 3 – 29   "高级动画"组中的"添加动画"下拉列表

图 3 – 30   "添加进入效果"对话框

（1）现有文件或网页：只需在"地址"栏中输入要链接的文件名或网页地址，指定超链接要跳转到的位置，单击"确定"按钮，即可为选定的对象建立超链接。

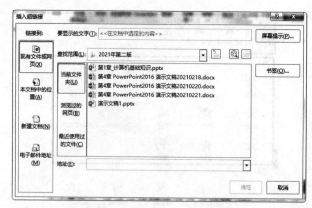

图3-31　"插入超链接"对话框

（2）本文档中的位置：是指可以链接到正在编辑的演示文稿的某张幻灯片。单击"本文档中的位置"选项，在"请选择文档中的位置"列表框中选择要链接的幻灯片，单击"确定"按钮，即建立了超链接，如图3-32所示。

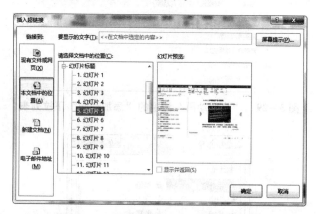

图3-32　链接到本文档中的某张幻灯片

2）添加"动作"命令

动作与超链接有很多相似之处，几乎包括了超链接可以指向的所有位置，动作还可以设置其他属性，如设置当鼠标移过某一对象上方时的动作。

选定幻灯片中要添加动作命令的对象，在"插入"选项卡的"链接"选项组中单击"动作"按钮，弹出"操作设置"对话框，如图3-33所示。在对话框的"单击鼠标"选项卡或"鼠标移过"选项卡上，勾选"超链接到"，然后在列表框中选择跳转的位置，最后单击"确定"按钮。

3）使用动作按钮

动作按钮是 PowerPoint 中预先设置好的一组带有特定动作的图形按钮，应用这些预置好的按钮，可以实现在放映幻灯片时跳转的目的。

在"插入"选项卡的"形状"下拉列表中选择"动作按钮"选项组的某个形状，如图3-34所示，当光标变为"十"字形时，在幻灯片编辑窗口中按住鼠标左键不放，往右下角拖出一个形状。松开鼠标按键后，会弹出"动作设置"对话框，按照添加"动作"命令的方法进行动作按钮的超链接设置，建立从动作按钮到目标的超链接。

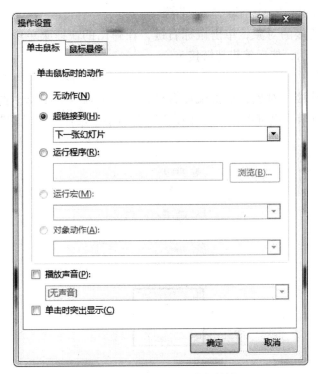

图 3 - 33 "操作设置"对话框

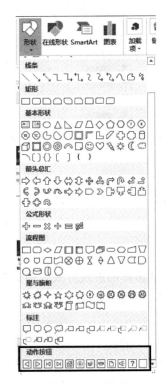

图 3 - 34 "动作按钮"选项组

2. 编辑超链接

选中要编辑超链接的对象，单击鼠标右键，在弹出的快捷菜单中选择"编辑超链接"命令，如图 3-35 所示，然后编辑超链接。

3. 删除超链接

选中要删除超链接的对象，单击鼠标右键，在弹出的快捷菜单中选择"取消超链接"命令，如图 3-35 所示。也可以在"操作设置"对话框中选择"无动作"选项，如图 3-36 所示。

图 3-35　选择"取消超链接"命令

3.4　幻灯片的放映、打印与导出

3.4.1　幻灯片的放映

PowerPoint 为幻灯片提供了灵活多样的放映方式，通过各项放映设置，既能体现演讲者的意图，又能适应展示环境的需要。主要包括设置放映时间、设置放映方式、设置放映类型等操作。

1. 设置放映时间

正式放映演示文稿前，可以运用 PowerPoint 的"排练计时"功能计算整个演示文稿的总放映时间和每张幻灯片的放映时间，以便设计好理想的放映速度。

在演示文稿中，单击"幻灯片放映"选项组中的"排练计时"按钮，如图 3-37 所示。演示文稿将自动切换到幻灯片放映状态，左上角将显示"录制"对话框。不断单击鼠标直

图 3 - 36 在"操作设置"对话框中选择"无动作"选项

至放映到最后一张幻灯片，会弹出信息提示框，显示幻灯片播放的总时间，并询问用户是否保留该排练时间，单击"是"按钮。将演示文稿切换到幻灯片浏览视图，从幻灯片浏览视图中可以看到每张幻灯片下方均显示各自的排练时间，如图 3 - 38 所示。

图 3 - 37 "幻灯片放映"选项组中的"排练计时"按钮

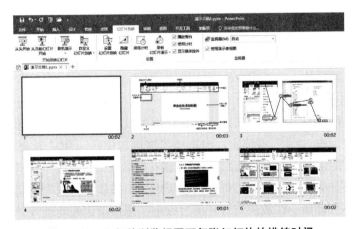

图 3 - 38 幻灯片浏览视图下每张幻灯片的排练时间

2. 设置放映类型

在"幻灯片放映"选项卡上单击"设置幻灯片放映"按钮，弹出"设置放映方式"对话框，其中有三种放映类型，如图3-39所示。

图3-39　"设置放映方式"对话框

（1）演讲者放映（全屏幕）：幻灯片默认的放映方式，通常用于边演示边讲解的场合。可以人工控制幻灯片和动画的播放，或使用"排练计时"命令设置放映时长，可以在放映过程中录制旁白。

（2）观众自行浏览（窗口）：可运行小屏幕的演示文稿。放映的演示文稿出现在窗口，可在放映时移动、编辑、复制和打印幻灯片，同时可运行其他程序，类似于浏览网页的窗口效果。

（3）在展台浏览（全屏幕）：全自动全屏放映，如在摊位、展台或其他无须人为运行管理幻灯片时，可选择此放映方式。在使用该放映类型时，超链接等控制方法将失效，放映完毕后会自动重新开始播放，直至用户按下"Esc"键才会停止播放。

3. 设置放映选项

放映选项也在弹出的"设置放映方式"对话框中设置，常用的放映选项主要有三种：

（1）循环放映，按"Esc"键终止：当选择"演讲者放映"和"观众自行浏览放映"时可以选择此项。当演示文稿放映结束后会自动重新开始播放，直到按"Esc"键才结束放映。

（2）放映时不加旁白：在放映幻灯片的过程中，不播放任何预先录制的旁白。

（3）放映时不加动画：在放映幻灯片的过程中，原来设定的动画效果将不起作用。

4. 自定义放映

自定义放映是指可以自定义幻灯片放映的张数和顺序，可以将一个演示文稿中的多张幻灯片进行分组，以便对特定观众放映演示文稿中的特定部分。用户可以使用超链接分别指向演示文稿中的各个自定义放映，也可以在放映整个演示文稿时只放映其中的某个自定义放映。

在演示文稿中单击"幻灯片放映"选项卡的"自定义幻灯片放映"按钮，在下拉菜单中选择"自定义放映"命令，如图 3 - 40 所示。在"自定义放映"对话框中单击"新建"按钮，打开"定义自定义放映"对话框，在"幻灯片放映名称"文本框中输入放映名称，在"在演示文稿中的幻灯片"列表中选择指定的幻灯片，然后单击"添加"按钮，单击"确定"按钮，如图 3 - 41 所示。返回"自定义放映"对话框，列表中显示新创建的放映方式，单击"放映"按钮进行放映，如图 3 - 42 所示。也可以在"幻灯片放映"选项卡的"自定义幻灯片放映"下拉列表中单击新建好的自定义放映方式，即可开始放映，如图 3 - 43 所示。

图 3 - 40　"自定义放映"命令

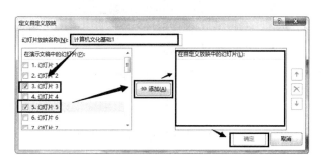

图 3 - 41　设置"定义自定义放映"对话框

图 3 - 42　"自定义放映"列表的新建放映方式

5. 录制语音旁白

在 PowerPoint 2016 中，可以为全部幻灯片添加录音旁白，使用录制旁白可以为演示文稿增加解说词，在放映状态下主动播放语音说明。

在"幻灯片放映"选项卡的"设置"选项组中单击"录制幻灯片演示"按钮，从弹出的下拉菜单中选择"从头开始录制"命令，如图 3 - 44 所示。打开"录制幻灯片演示"对话框，保持默认设置，单击"开始录制"按钮，如图 3 - 45 所示。进入幻灯片放映状态，

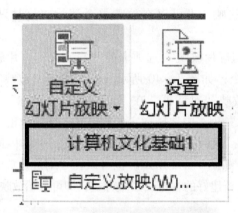

图 3-43　下拉列表中的新建放映方式

同时开始录制旁白，左上角"录制"对话框中显示录制时间。如果是首次录音，可以根据需要自行调节麦克风的声音质量。当旁白录制完成后，按"Esc"键即可结束录制。此时，每页幻灯片中都出现了一个音频小喇叭，单击即可播放当页幻灯片中录制好的旁白，切换到幻灯片浏览视图，可以看到每页幻灯片的录制时间。

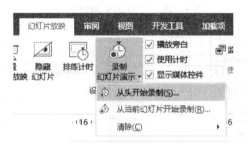

图 3-44　"从头开始录制"命令

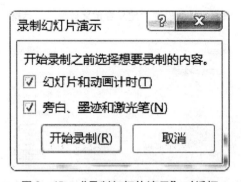

图 3-45　"录制幻灯片演示"对话框

6. 放映幻灯片的方法

（1）单击状态栏上的"幻灯片放映"按钮 ▽ ，直接从当前幻灯片开始放映。

（2）单击"幻灯片放映"选项卡的"从头开始"按钮，或按"F5"键，从第一张幻灯片开始放映。

（3）单击"幻灯片放映"选项卡的"从当前幻灯片开始"按钮，从当前幻灯片开始放映。

另外，在放映状态下，单击鼠标左键，或者通过 Enter 键、空格键、向右和向下的移动键，可以切换到下一张幻灯片。如需结束放映，可以通过单击鼠标右键弹出快捷菜单，选择"结束放映"选项；或按"Esc"键，也可以结束放映，回到放映前状态。

3.4.2 演示文稿的打印

制作好的演示文稿不仅可以现场演示，还可以打印出来，发给观众作为演讲提示。

1. 幻灯片大小设置

在打印演示文稿前，可以根据需要对打印页面进行设置，使打印形式和效果更符合实际需要。单击"设计"选项卡"幻灯片大小"下拉菜单中的"自定义幻灯片大小"命令，打开如图 3-46 所示的"幻灯片大小"对话框，可以对幻灯片的大小、起始编号和方向等进行设置。

图 3-46 "幻灯片大小"对话框

（1）"幻灯片大小"：用来设置幻灯片界面的大小或长宽的显示比例。

（2）"宽度"和"高度"：用来设置打印区域的尺寸，单位为厘米。

（3）"幻灯片编号起始值"：用来设置当前打印幻灯片的起始编号。

（4）"方向"：在对话框的右侧，可以分别设置幻灯片与备注、讲义和大纲的打印方向，在此处设置的打印方向对整个演示文稿的所有幻灯片与备注、讲义和大纲均有效。

2. 预览并打印

在打印之前，可以使用打印预览功能预览演示文稿的打印效果，再连接打印机打印。单击"文件"选项下拉菜单中的"打印"命令，在右侧的窗格中可预览演示文稿效果，在中间的"打印"窗格中可以选择打印机型号，对打印范围、打印版式、纸张出纸顺序等进行相关设置，如图 3-47 所示。

3.4.3 演示文稿的导出

演示文稿制作完成后，可以根据需要导出成图片、PDF 文件、视频，打包成 CD 等多种形式，便于使用和共享。单击"文件"选项卡下拉菜单中的"导出"命令，右侧显示出五种导出类型，如图 3-48 所示。

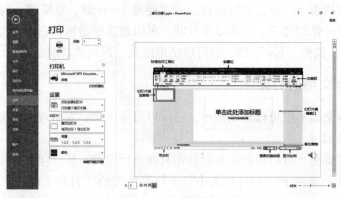

图 3-47　打印预览

1. 创建 PDF/XPS 文档

可将演示文稿存为电子文件格式的文档，准确保留源文件中的字体、格式、颜色、图像和布局等，能使文件跨越应用程序和系统平台的限制，有效防止内容的随意更改。

2. 创建视频

可将演示文稿存为视频格式（.mp4 或 .wmv）的文件，完整保留演示文稿中的视频、音频和动画等，包含所有录制时的计时、旁白和激光笔势等。

3. 将演示文稿打包成 CD

可将演示文稿及其链接的各种媒体文件一次性打包到 CD 上，轻松实现将演示文稿分发或转移到其他计算机上进行演示。单击"打包成 CD"按钮，打开"打包成 CD"对话框，在"将 CD 命名为"文本框中输入名称，单击"添加"按钮，找到需要添加到 CD 中的文件，单击"添加"，如图 3-49 所示。返回"打包成 CD"对话框，可以看到新添加的幻灯片，单击"复制到文件夹"按钮，在"复制到文件夹"对话框的"位置"文本框中设置文件的保存路径，单击"确定"按钮，如图 3-50 所示。系统自动弹出提示框，单击"是"按钮。打包完毕后，将自动打开保存的文件夹"演示文稿 CD"，显示打包后的所有文件。

4. 创建讲义

可将演示文稿导出为 Word 文档，幻灯片和备注都放在 Word 中，可在 Word 中编辑内容和设置内容格式，在此演示文稿发生更改时，自动更新讲义中的幻灯片。

5. 更改文件类型

可将演示文稿存成各种不同类型的文件。

习题

1. 请简述将常用命令添加到快速访问工具栏的方法。

2. 演示文稿和幻灯片的区别是什么？请分别简述新建演示文稿和新建幻灯片的方法。

3. "保存"和"另存为"的效果一样吗？如何将演示文稿的自动保存时间设置为 3 分钟？如何将演示文稿另存为 .pdf 格式的文件？

4. 演示文稿共有哪几种视图模式？这几种视图模式各有什么特点？

5. 如何同时选中编号不连续的多张幻灯片？

6. 如何将文本内容快速转换成 SmartArt 图？

图 3－48　导出演示文稿的类型

图 3－49　"打包成 CD"对话框

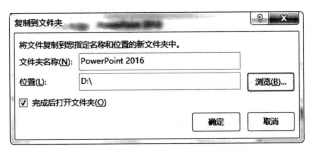

图 3－50　"复制到文件夹"对话框

7. 幻灯片页内主要有哪几类动画？这几类动画的作用分别是什么？

8. 切换动画与页内动画有何区别？

9. 请简述设置超链接的三种方法。

10. 如何设置演示文稿的自定义放映方式？

第4章 电子表格制作软件

电子表格又称电子数据表，是一类模拟纸上计算表格的计算机程序。电子表格可以输入、输出、显示数据，也可以帮助用户制作各种复杂的表格文档，进行烦琐的数据计算，并能形象地将大量枯燥无味的数据变为多种漂亮的彩色图表显示出来，极大地增强了数据的可视性。

Excel 是微软公司开发的 Office 软件中的电子表格组件，本章将介绍 Excel 2016 的基本知识和使用方法。

4.1 电子表格概述

4.1.1 Excel 2016 的启动和退出

1. 启动

Excel 2016 的启动方法有下列三种：

（1）鼠标左键单击任务栏上的"开始"图标，在程序列表中找到 Excel，单击运行；若没有找到 Excel，则找"Microsoft Office"程序组，单击图标，在展开的程序组中找到"Microsoft Office Excel 2016"，单击运行 Excel 2016 程序。

（2）鼠标左键双击桌面上 Excel 2016 的快捷方式，启动 Excel 2016 程序。

（3）鼠标左键双击打开 Excel 文档，启动 Excel 2016 程序。

2. 退出

若要退出 Excel 2016 程序，单击程序窗口右上角控制按钮中的"关闭"按钮即可。

4.1.2 Excel 2016 的工作窗口

启动 Excel 2016 后，可以看到其工作窗口，如图 4-1 所示。下面对窗口中的主要部分进行介绍：

1. 快速访问工具栏

该工具栏位于工作界面的左上角，包含一组用户使用频率较高的工具，如"保存""撤销"和"恢复"。用户可单击"快速访问工具栏"右侧的倒三角按钮，在展开的列表中选择要显示或隐藏的工具按钮。

（1）添加工具到快速访问工具栏：在展开的列表中单击所需的命令按钮即可。例如，在列表中单击"打开"命令按钮，快速访问工具栏上将会添加"打开"按钮。单击"其他命令"选项，则会弹出"Excel 选项"对话框，可添加列表中没有的"命令"按钮到快速访问工具栏。

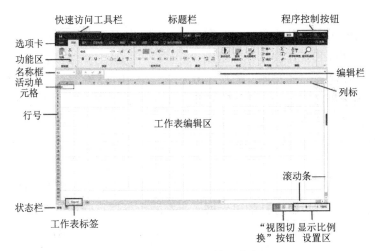

图 4-1　Excel 2016 的工作窗口

（2）删除快速访问工具栏的按钮：如果要删除的工具按钮在下拉菜单中，则只需在下拉菜单中再次单击该选项。如果要删除的工具按钮不在下拉菜单中，可选择"其他命令"，在弹出的"Excel 选项"对话框中选中对应选项，单击"删除"按钮，然后单击"确定"。

2. 功能区

功能区位于标题栏的下方，是由八个选项卡组成的一个区域。Excel 2016 将用于处理数据的所有命令组织在不同的选项卡中。单击不同的选项卡标签，可切换功能区中显示的工具命令。

在每个选项卡中，命令又被分类放置在不同的组中。组的右下角有一个对话框启动器按钮 ，用于打开与该组命令相关的对话框，以便用户对要进行的操作做更进一步的设置。

3. 编辑栏

编辑栏主要用于输入和修改活动单元格中的数据。当在工作表的某个单元格中输入数据时，编辑栏会同步显示输入的内容。

4. 工作表编辑区

工作表编辑区位于 Excel 工作窗口的中心，用于显示或编辑工作表中的数据。

5. 工作表标签

工作表标签位于工作簿窗口的左下角，默认名称为 Sheet1、Sheet2、Sheet3……。单击工作表标签右侧的"＋"可添加新的工作表。

6. 状态栏

状态栏用于显示当前的状态和选定单元格数据的统计情况、页面显示方式以及显示比例等。

4.1.3　工作簿、工作表、单元格

在 Excel 中，用户接触最多的就是工作簿、工作表和单元格。

1. 工作簿

工作簿正如人们日常生活中的账本，在 Excel 中生成的文件就叫作工作簿，扩展名是 .xlsx。一个 Excel 文件就是一个工作簿。

2. 工作表

工作表就像是账本中的某一页账表，在 Excel 中工作表是由行和列构成的表格，它主要由单元格、行号、列标和工作表标签等组成。

行号显示在工作簿窗口的左侧，依次用数字 1，2…1048576 表示；列标显示在工作簿窗口的上方，依次用字母 A、B…X、F、D 表示，共有 16 384 列。默认情况下，一个新建的工作簿包含三个工作表，用户可以通过"文件"—"选项"—"常规"设置默认包含的工作表数量（1~255）。

3. 单元格

单元格是 Excel 工作簿的最小组成单位，工作表编辑区中每个长方形的小格就是一个单元格，工作表中包含了数以百万计的单元格，所有的数据都存储在单元格中。

每个单元格都可用其所在的行号和列标标识，如 A1 单元格表示位于第 A 列第 1 行的单元格。

4.2 Excel 2016 工作簿的创建与保存

4.2.1 工作簿的创建

通常情况下，启动 Excel 2016 时，系统会自动新建一个名为"工作簿1"的空白工作簿。若要再新建空白工作簿，可以单击快捷访问工具栏中的"新建"按钮，或单击"文件"选项卡，在打开的新窗口中单击"新建"项（图4-2），也可以使用组合键"Ctrl + N"。

4.2.2 工作簿的打开

如果需要打开一个已经编辑过保存在本地硬盘中的工作簿，常用的有以下两种方法：

（1）在 Excel"文件"选项卡的下拉菜单中选择"打开"项，然后从"最近""这台电脑""浏览"等方式找到工作簿的放置位置，选择要打开的工作簿，单击"打开"按钮，如图4-3所示。

（2）在资源管理器中找到需要打开的工作簿，双击工作簿或右击工作簿，在弹出菜单中选择"打开"，即可将其打开。

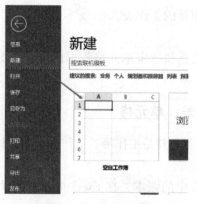

图4-2 新建文档

图4-3　打开文件

4.2.3　工作簿的保存

当对某个工作簿进行编辑操作后，为防止数据丢失，需将其保存。要保存工作簿，常用的有两种方法：

（1）单击"快速访问工具栏"上的"保存"按钮。

（2）单击"文件"选项卡，在打开的界面中选择"保存"项，或按"Ctrl + S"组合键。

当对工作簿进行第一次保存操作时，会弹出"另存为"对话框，在其中选择工作簿的保存位置，输入工作簿名称，选择保存类型，然后单击"保存"按钮。

注意：当对工作簿执行第二次保存操作时，不会再打开"另存为"对话框。若要将工作簿另存，可在"文件"选项卡中选择"另存为"项，然后在打开的"另存为"对话框中重设工作簿的保存位置或工作簿名称、类型等，最后单击"保存"按钮。

【多学一招】在打开的"另存为"对话框中单击"工具"，在弹出的下拉菜单中选择"常规选项"，可以设置工作簿的打开权限密码或修改权限密码。如果要取消密码，依然按照上面加密的步骤进行操作，但在提示输入密码的对话框中，在输入密码的地方留空，然后保存工作簿，这样密码就取消了。加密保存文件如图4-4所示。

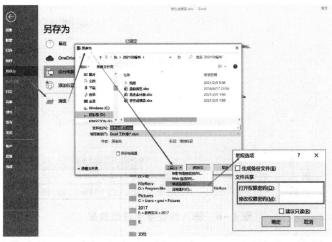

图4-4　加密保存文件

4.3 数据输入

4.3.1 基本输入

在 Excel 中，可以向工作表的单元格输入各种类型的数据。若要在单元格中输入数据，只需选中要输入数据的单元格，然后输入数据；也可单击单元格后，在编辑栏中输入数据，输入完毕按键盘上的"Enter"键或单击编辑栏中的"输入"按钮✔确认；按键盘上的"Esc"键或单击编辑栏中的"取消"按钮✖，可取消本次输入。

下面以学生成绩表为例说明常用的数据类型及其输入方法。

1. 文本型数据

文本型数据是指汉字、英文，或由汉字、英文、数字组成的字符串。默认情况下，输入的文本会沿单元格左侧对齐。文本型数据的输入分两种：

（1）汉字、英文、数字组成的字符串：直接输入，按"Enter"键确认。如学生的姓名、班级等信息。

（2）纯数字组成的字符串：如输入学生的学号、身份证号或电话号码、邮政编码等纯数字字符串时，直接输入会被当成数值，与期望不符。因此输入时必须设置这些单元格的格式为文本（图4-5）或先输入单引号"'"，再输入数字字符串，如图4-6所示。

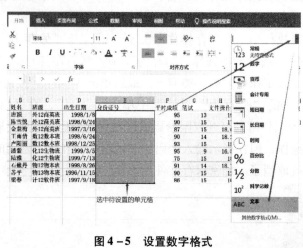

图4-5 设置数字格式

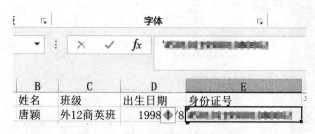

图4-6 输入纯数字字符串效果

【多学一招】想要选中连续的单元格可用鼠标拖动的方式，或者在名称框中输入需要选择的单元格区域，例如输入 A1：B15，再按"Enter"键确认。想要选中不连续的多个单元格，先选中第一个单元格，然后按住"Ctrl"键，依次单击要选中的其他单元格即可。

2. 数值型数据

在 Excel 中，数值型数据是使用最多，也是最为复杂的数据类型。数值型数据包括整数、小数、分数、货币等，数值型数据自动沿其单元格右侧对齐。

数值型数据的输入分四种：

（1）整数、小数：直接输入，按"Enter"键确认。输入负数时可以在数字前加一个负号"－"，或给数字加上圆括号。

（2）分数：输入分数时，先输入 0 或整数，然后输入一个空格，最后输入"分子/分母"。

（3）百分数：输入数字后直接输入%。

（4）货币：输入时先选中待输入货币的单元格，然后按图 4-7 所示，在下拉菜单中选择货币格式，再输入数字。

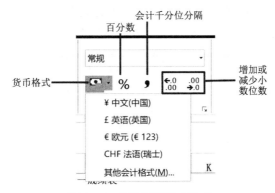

图 4-7　快速设置数字格式

3. 日期和时间

（1）输入日期时，用斜杠"/"或者"－"来分隔日期中的年、月、日部分，或者用"Ctrl+;"组合键来输入系统日期。

（2）输入时间时，可用冒号"："分开时间的时、分、秒，或者用"Ctrl+Shift+;"组合键来输入系统时间。

系统默认输入的时间是按 24 小时制的方式输入的，如果按 12 小时制输入时间，则需要在输入时间后输入一个空格，再输入 AM 表示上午或 PM 表示下午。如果在同一个单元格中需要输入日期和时间，则日期和时间之间需要输入空格隔开。

【多学一招】在 Excel 2016 中，如果想为单元格中的数据快速设置会计数字格式、百分比样式、千位分隔或增加小数位数等，可直接单击"开始"选项卡上"数字"组中的相应按钮。

4.3.2　快速填充数据

在输入数据时，如果希望在一行或一列相邻的单元格中输入相同的或有规律的数据，可以使用快速填充功能，Excel 2016 自动填充数据的具体操作如下。

1. 使用填充柄快速填充数据

（1）在单元格中输入示例数据，然后将鼠标指针移到单元格右下角的填充柄上，此时鼠标指针变为实心的十字形╋。

（2）按住鼠标左键，拖动单元格右下角的填充柄到目标单元格，释放鼠标左键。

【多学一招】执行完填充操作后，会在填充区域的右下角出现一个"自动填充选项"按钮，单击它将打开一个填充选项列表，从中选择不同选项，即可修改默认的自动填充效果。初始数据不同，自动填充选项列表的内容也不尽相同。

2. 利用"序列"对话框快速填充数据

对于一些有规律的数据，比如等差、等比序列以及日期数据序列等，可以利用"序列"对话框进行填充，方法如下：

（1）在第一个单元格中输入初始数据。

（2）选定要从该单元格开始填充的单元格区域。

（3）单击"开始"选项卡上"编辑"组中的"填充"按钮，在展开的填充列表中选择"系列"选项，在打开的"序列"对话框中选中所需选项，如"等差序列"单选钮，然后设置"步长值"（相邻数据间延伸的幅度），最后单击"确定"按钮，如图4-8所示。

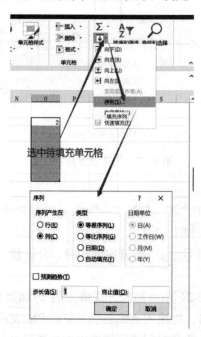

图4-8 自动填充

4.3.3 设置数据验证

在 Excel 2016 中，为了确保数据的正确性，可以设置数据验证，以防止用户输入不符合条件的数据。在 Excel 2016 中可设置多种数据验证，如整数、小数、序列、日期、时间、文本长度等。下面以小数及序列为例来说明设置数据验证的方法。

1. 设置小数的取值范围

学生成绩表中的平时成绩，数值范围应该为 0~100，输入其他数据则是不正确的，因此可以对该列数据设置有效性条件。具体操作如下：

（1）打开工作表，选中需要设置数据有效性的单元格。

（2）选择"数据"选项卡，在"数据工具组"中单击"数据验证"，在弹出的下拉菜单中选择"数据验证"。

（3）在弹出的"数据验证"对话框中设置验证条件及出错警告，最后单击"确定"按钮，如图4-9所示。

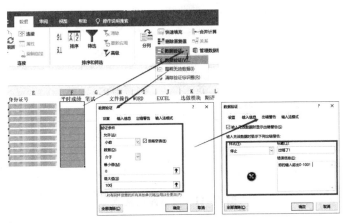

图4-9　设置数据验证

（4）若在平时成绩一列中输入小于0或大于100的数值，则会弹出"错误警告"对话框，如图4-10所示。

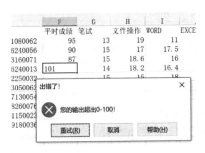

图4-10　"错误警告"对话框

注意：出错警告中的样式有三种：

（1）停止：默认的出错警告样式，标志是一个叉。在警告框中单击"重试"，单元格里面还是编辑状态，可以重新进行输入。如果单击"取消"按钮，就会退出编辑，单元格还是输入内容之前的状态，即必须按要求输入。

（2）警告：是一个黄色三角感叹号，当输入的内容出错时，就会出现对应的警告。单击"是"按钮，错误的内容输入单元格中。单击"否"按钮，输入的内容保留在单元格中，单元格呈现编辑状态。单击"取消"按钮，则会回到输入之前的状态。

（3）信息：信息样式则是一个蓝色圆形感叹号。当输入内容出错时，单击警告框中的"确定"按钮，错误内容会保留在单元格内。单击"取消"按钮，则会回到输入之前的状态。

2. 设置序列数据来源

数据验证也可以用来设置单元格数据来源于指定的序列（如性别一般设置为男或女）。

当单元格中允许输入的内容为一个固定的序列时，若输入序列外的内容则弹出警告对话框。在 Excel 工作表中设置序列来源的操作方法如下：

（1）按照前述设置数据验证的方法步骤 1 和 2，弹出"数据验证"对话框。

（2）在"允许"下拉列表框中选择"序列"选项。此时先在"来源"中选择或输入序列，如输入"男，女"，再设置出错警告中的其他项，单击"确定"按钮即可完成。注意输入序列值之间用英文逗号隔开，如图 4－11 所示。

图 4－11　设置序列来源

4.4　格式化工作表

4.4.1　插入单元格、行、列

要在已有工作表的指定位置添加内容，就需要在工作表中插入单元格、行或列。

1. 插入单元格

若要插入单元格（图 4－12），首先要选定插入单元格的位置，然后按以下两种方法执行插入操作，在弹出的"插入"对话框中，根据需要选择活动单元格右移或下移。

（1）使用"开始"选项卡上"单元格"组"插入"列表中的"插入单元格"命令。

（2）鼠标右键单击选中的单元格，在弹出的快捷菜单中选择"插入"命令。

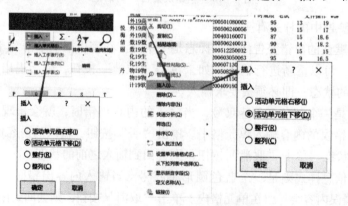

图 4－12　插入单元格

2. 插入行

若要插入行（图 4－13），首先要选定插入行的位置，然后按以下三种方法执行插入操作，将会在选定的单元格上方插入新行。

（1）使用"开始"选项卡上"单元格"组"插入"列表中的"插入工作表行"命令。

（2）鼠标右键单击选中的单元格，在弹出的快捷菜单中选择"插入"命令，然后选择"整行"。

（3）鼠标右键单击工作表左侧的行号，在弹出的快捷菜单中选择"插入"命令。

图 4－13　插入行

3. 插入列

若要插入列（图 4－14），首先把光标定位到需要插入列的位置，然后按以下三种方法执行插入操作，将会在选定的单元格左边插入新列。

（1）使用"开始"选项卡上"单元格"组"插入"列表中的"插入工作表列"命令。

（2）鼠标右键单击选中的单元格，在弹出的快捷菜单中选择"插入"命令，然后选择"整列"。

（3）鼠标右键单击工作表顶部的列标，在弹出的快捷菜单中选择"插入"命令。

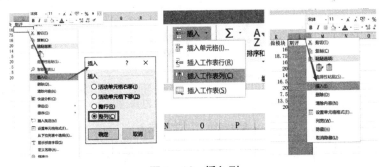

图 4－14　插入列

注意：以上插入单元格、行、列的方法中，如果选中的不是某个单元格，而是连续单元格区域（连续多行、连续多列），执行插入操作以后将在相应位置上插入同等数量的单元格（行或列）。

4.4.2　删除单元格、行、列

若要删除单元格（行或列），通常需进行以下三种操作：

（1）单击"开始"选项卡"单元格"组中的"删除"按钮右侧的三角按钮，在展开的列表中选择相应的选项即可，如图 4－15 所示。

（2）鼠标右键单击选中的单元格，在弹出的快捷菜单中选择"删除"命令，在弹出的"删除"对话中选择相应的项，可删除所选单元格（或行、列），如图 4-16 所示。

（3）鼠标右键单击工作表中的列标或行号，在弹出的快捷菜单中选择"删除"命令，如图 4-17 所示。

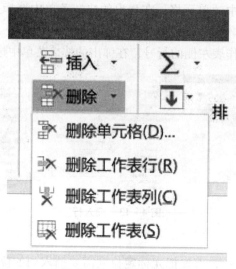

图 4-15　删除方法 1

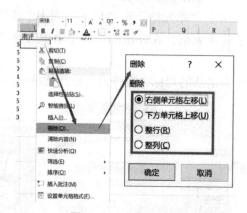

图 4-16　删除方法 2

注意： 以上删除单元格、行、列的方法中，如果选中的不是某个单元格，而是连续单元格区域（连续多行、连续多列），执行删除操作以后将删除所有选中的单元格（行或列）。

4.4.3　合并/拆分单元格

在 Excel 中，经常会用到合并、拆分 Excel 单元格功能。合并和拆分单元格的具体操作方法如下：

1. 合并单元格

选中要进行合并操作的单元格区域，单击"开始"选项卡上"对齐方式"组中的"合并后居中"按钮，或单击其右侧的倒三角按钮，在展开的列表中选择一种合并选项，即可将所选单元格合并，合并后的大单元格地址以左上角单元格地址标识，如图 4-18 所示。

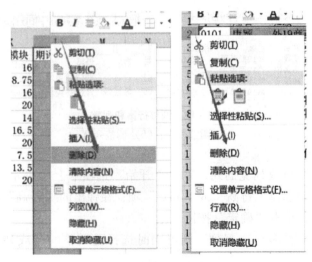

图 4-17 删除方法 3

图 4-18 合并单元格

（1）合并后居中：将所选单元格合并为一个单元格，并把最左上角单元格的内容居中。

（2）跨越合并：将所选单元格的每一行合并到一个更大的单元格中。是按行合并，不同的行不合并在一起。

（3）合并单元格：将所选单元格合并为一个单元格。

（4）取消单元格合并：将原来合并的单元格还原成多个单元格。

2. 拆分合并的单元格

选中经过合并的单元格，单击"开始"选项卡上"对齐方式"组中的"合并后居中"按钮，或单击其右侧的倒三角按钮，在展开的列表中选择"取消单元格合并"选项，此时合并的单元格会被还原成多个单元格。

注意：不能拆分没有合并的单元格。

4.4.4 调整行高和列宽

1. 鼠标拖动调整

在对行高度和列宽度要求不十分精确时，可以利用鼠标拖动进行调整，如图 4-19 所示。

（1）调整行高：将鼠标指针指向要调整行高的行号交界处，当鼠标指针变为上下箭头形状时，按住鼠标左键并上下拖动，到达合适位置后释放鼠标，即可调整行高。

（2）调整列宽：将鼠标指针指向要调整列宽的列标交界处，当鼠标指针变为左右箭头形状时，按住鼠标左键并左右拖动，到达合适位置后释放鼠标，即可调整列宽。

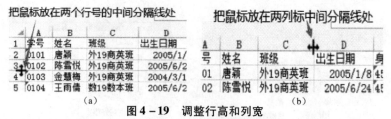

图4-19 调整行高和列宽

(a) 调整行高；(b) 调整列宽

2. 精确调整

选中要调整行高的行或列宽的列，单击"开始"选项卡上"单元格"组中的"格式"按钮，在展开的列表中选择"行高"或"列宽"项，在弹出的"行高"或"列宽"对话框中输入行高或列宽值，单击"确定"按钮。

注意：若要同时调整多行或多列，则可同时选择要调整的行或列，然后按以上方法调整。

3. 自动调整

选择"格式"列表中的"自动调整行高"或"自动调整列宽"按钮，还可将行高或列宽自动调整为最合适（自动适应单元格中数据的宽度或高度）。

4.4.5 添加边框和底纹

在工作表中所有的单元格都带有浅灰色的边框线，这是 Excel 默认的网格线，打印时不会被打印出来。如果需要打印边框线或设置背景，可以通过设置 Excel 表格和单元格的边框和底纹来实现。设置方法如下：

（1）在选定要设置的单元格或单元格区域后，利用"开始"选项卡上"字体"组中的"边框"按钮 田▪和"填充颜色"按钮 ◇▪进行设置。

（2）若想改变边框线条的样式、颜色，以及设置渐变色、图案底纹等，可单击"对齐方式"组右下角的"对话框启动器"按钮，在弹出的"设置单元格格式"对话框中选择"边框"和"填充"标签并设置。

4.4.6 使用条件格式

1. 应用条件格式

在 Excel 中应用条件格式，可以让满足特定条件的单元格以醒目方式突出显示，便于对工作表中的数据进行更准确的分析。设置条件格式的方法如下：

（1）打开工作表，选中要添加条件格式的单元格区域。

（2）单击"开始"选项卡上"样式"组中的"条件格式"按钮，在展开的列表中列出了五种条件规则，选择某个规则，此处选择"突出显示单元格规则"，然后在其子列表中选择某个条件，这里我们选择"大于"。

（3）在打开的对话框中设置具体的"大于"条件值并设置大于该值时单元格显示的格式，单击"确定"按钮，即可对所选单元格区域添加条件格式，如图4-20所示。

对于条件格式，Excel 2016 提供了五个条件规则，各规则的意义如下：

①突出显示单元格规则：突出显示所选单元格区域中符合特定条件的单元格。

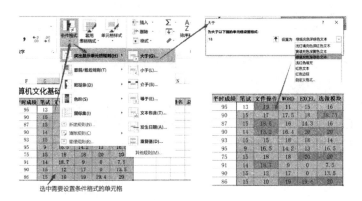

图4-20 设置条件格式及其效果

②最前/最后规则：可快速选取前/后10项或10%，或高于低于平均分的单元格等。

③数据条、色阶和图标集：使用数据条、色阶（颜色的种类或深浅）和图标来标识各单元格中数据值的大小，从而方便查看和比较数据。

如果系统自带的五种条件格式规则不能满足用户的需求，则可以单击列表底部的"新建规则"按钮，在打开的对话框中自定义条件格式。

2. 管理条件格式

对于已应用了条件格式的单元格，还可对条件格式进行编辑、修改，其步骤如下：

（1）在"条件格式"列表中选择"管理规则"项，打开"条件格式规则管理器"对话框。

（2）在"显示其格式规则"下拉列表中选择"当前工作表"项，对话框下方显示当前工作表中设置的所有条件格式规则。

（3）选中需要修改的条件格式规则，单击中间的"编辑规则"按钮，在弹出的"编辑格式规则"对话框中修改规则，再单击"确定"按钮。

3. 删除条件格式

若要删除设置过的条件格式，则可以按以下步骤进行：

（1）选中应用了条件格式的单元格或单元格区域，在"条件格式"列表中单击"清除规则"项。

（2）在展开的列表中选择"清除所选单元格的规则"项；若选择"清除整个工作表的规则"项，可以清除整个工作表的条件格式。

4.4.7 自动套用格式

Excel创建表格后，为使表格更美观，可以套用表格样式。步骤如下：

（1）选中需要设置格式的单元格区域。

（2）单击"开始"选项卡"样式"组"套用表格样式"按钮，在弹出的样式中选择一种合适的样式。

（3）如果对预设的样式都不满意，还可以选择"新建表样式"，自己创建样式，填写"名称"，先选择表元素，然后单击"格式"按钮为选择的表元素设置格式，设置好之后单击"确定"按钮。

4.5 管理工作表

在 Excel 2016 中，一个工作簿可以包含多张工作表，可以根据实际需要切换、插入、删除、移动与复制工作表，此外还可以成组和重命名工作表，其中大部分操作可以在弹出的快捷菜单（图 4-21）中完成。

4.5.1 重命名工作表

在 Excel 中，工作表常用"Sheet1""Sheet2""Sheet3"等名称，不容易区分每个工作表中的内容，为了更快速、更方便地进行操作和归类，可以给工作表重命名。重命名的方法如下：

（1）双击工作表标签，然后输入新的工作表名。

（2）鼠标右键单击需要重命名的工作表标签，如"Sheet1"，如图 4-21 所示，然后在弹出菜单中选择"重命名"即可输入新工作表名称。

4.5.2 插入／删除工作表

1. 插入工作表

Excel 创建新文档时会自动创建工作表，如果不够用，可以添加新的工作表。

（1）直接单击工作表标签右侧的快速插入工作表按钮⊕，可快速插入 Excel 工作表。

（2）在工作表标签处单击右键，在弹出的工作表菜单（图 4-21）中选择"插入"，在弹出的"插入"对话框中选择"工作表"，单击"确定"按钮。

2. 删除工作表

在工作表标签处单击鼠标右键，在弹出的工作表菜单（图 4-21）中选择"删除"。

4.5.3 移动和复制工作表

在 Excel 2016 中，可以将 Excel 工作表移动或复制到同一工作簿的其他位置或其他 Excel 工作簿中。但在移动或复制工作表时需要十分谨慎，因为若移动了工作表，则基于工作表数据的计算可能出错。

1. 在同一工作簿中移动和复制工作表

（1）在同一个工作簿中，直接拖动工作表标签至所需位置，即可实现工作表的移动。若在拖动工作表标签的过程中按住"Ctrl"键，则表示复制工作表。

（2）在同一个工作簿中，右键单击需要移动的工作表标签，如"Sheet1"，在弹出的快捷菜单中选择"移动或复制"，在"移动或复制工作表"对话框中单击某个工作表名，如"格式化工作表"，即表示将"Sheet1"移动到"格式化工作表"之前，单击"确定"按钮，实现工作表的移动。如果勾选"建立副本"，则表示复制工作表。移动和复制工作表如图 4-22 所示。

2. 在不同工作簿间移动和复制工作表

要在不同工作簿间移动和复制工作表，可执行以下操作：

（1）打开要进行移动或复制的源工作簿和目标工作簿。

（2）在源工作簿中鼠标右键单击要进行移动或复制操作的工作表标签，在弹出的快捷菜

图 4 – 21 鼠标右键单击工作表名后弹出的快捷菜单

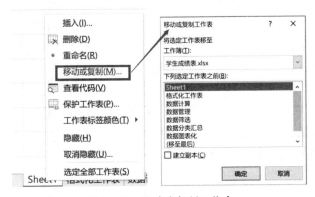

图 4 – 22 移动或复制工作表

单中选择"移动或复制"。

（3）在"移动或复制工作表"对话框"工作簿"下拉列表中选择要移动到的目标工作簿，然后在"下列选定工作表之前"列表框中选择需要在其前面插入工作表的对象，勾选"建立副本"，再单击"确定"按钮，实现工作表的复制。

4.5.4　隐藏行和列

在工作表中，为了方便查看、比较数据，在学生成绩表中，如想快速了解他们的平时成绩、期末总分、期评成绩，不想被出生日期、身份证号、各模块成绩等信息干扰视线，可以把中间的这些列隐藏起来。

1. 隐藏列或行

要隐藏列（或行），在列标（或行号）上拖动鼠标，选择要隐藏的列（或行），鼠标右键单击选中的列（或行），在弹出的快捷菜单中选择"隐藏"，如图 4 – 23 所示。

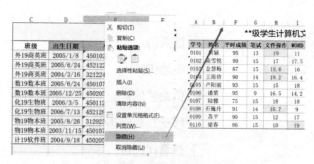

图 4 - 23　隐藏 CDE 列操作及其效果

2. 显示列或行

若要取消隐藏的列（或行），在列标（或行号）上拖动鼠标选中被隐藏列（或行）的左右列（或上下行），鼠标右键单击，在弹出的快捷菜单中选择"取消隐藏"，这时隐藏的列（或行）就会显示出来。

4.5.5　冻结窗格

若一个表格数据很多，我们向下或向右拖动滚动条查看数据时，就没办法看到表头标题或左侧部分内容了，这样非常不便于查看。可以利用冻结窗格来帮助固定某些行和列。

1. Excel 冻结首行/首列

在 Excel 表格中单击"视图"→"窗口"→"冻结窗格"，选择"冻结首行"就可以直接固定首行的表头处，选择"冻结首列"能够固定住最左列。

2. 冻结窗格

单击"视图"→"窗口"→"冻结窗格"，则会在当前选定单元格的左边和上方各出现一根线，此时滚动鼠标可以发现，在选定的单元格以上的不动，以下的才会滚动。当左右移动水平方向的滚动条时，选定单元格左侧的不动，右侧窗口的会移动显示。

3. 取消冻结

单击"视图"→"窗口"→"取消冻结窗格"可以取消之前的冻结。

4.6　数据计算

4.6.1　运算符

运算符是用来对公式中的元素进行运算而规定的特殊符号。Excel 中的运算符类型主要有算术运算符、比较运算符、文本运算符和引用运算符四种。

1. 算术运算符

算术运算符共有六个，见表 4 - 1，其作用是完成基本的数学运算，并产生数字结果。

表 4 - 1　算术运算符

算术运算符	含义	实例
+（加号）	加法	A1 + A2
-（减号）	减法或负数	A1 + A2

算术运算符	含义	实例
*（星号）	乘法	A1 * 2
/（正斜杠）	除法	A1/3
%（百分号）	百分比	50%
^（脱字号）	乘方	2^3

2. 比较运算符

比较运算符有六个，见表4-2，它们的作用是比较两个值，并得出一个逻辑值"TRUE（真）"或"FALSE（假）"。

表4-2 比较运算符

比较运算符	含义	比较运算符	含义
>（大于号）	大于	>=（大于等于号）	大于等于
<（小于号）	小于	<=（小于等于号）	小于等于
=（等于号）	等于	<>（不等于号）	（不等于）

3. 文本运算符

使用文本运算符"&"（与号）可将两个或多个文本值串起来产生一个连续的文本值。例如，输入"祝你""&""幸福快乐！"会生成"祝你幸福快乐！"。

4. 引用运算符

引用运算符有三个，见表4-3，它们的作用是将单元格区域进行合并计算。

表4-3 引用运算符

引用运算符	含义	实例
:（冒号）	区域运算符，用于引用单元格区域	B5：D15
,（逗号）	联合运算符，用于引用多个单元格区域	B5：D15，F5：I15
（空格）	交叉运算符，用于引用两个单元格区域的交叉部分	B7：D7 C6：C8

4.6.2 公式

1. Excel 中公式的组成

在 Excel 中，对工作表中的数据进行计算的算式称为公式。要输入公式必须先输入"="，然后再在其后输入表达式，否则 Excel 会将输入的内容作为文本型数据处理。表达式由运算符和参与运算的操作数组成。

运算符可以是算术运算符、比较运算符、文本运算符和引用运算符；操作数可以是常量、单元格引用和函数等，如下列公式：

$$M3 = F3 * 30\% + L3 * 70\%$$

$$L3 = SUM（G3：K3）$$

第一个公式的意义是：F3 单元格的值乘以 30%，L3 单元格的值乘以 70%，把这两个值相加得到的结果显示在 M3 单元格中；第二个公式的意义是：通过函数 SUM 求 G3：K3 单元格区域的和，将其结果显示在 L3 单元格中。

2. 公式的书写方法

（1）首先在需要计算的单元格中输入"="号，进入公式编辑状态。

（2）手写输入运算值（如 30%）或需要引用的单元格名称（如 H3），手工输入运算符（"+""-""*""/""^""＜＞"等，具体详见 4.6.1），再输入要参与运算的值或引用的单元格名称，反复进行直到算式编辑完成。在编辑公式的过程中，用鼠标左键单击需要的单元格也可以实现单元格的引用。

（3）算式编辑完成后，按键盘上的"Enter"键或编辑栏中的"确认"按钮✓。如图 4 - 24 所示。

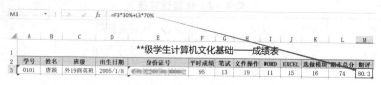

图 4 - 24　公式

注意：可以使用填充柄将公式快速复制到其他单元格中。如向下拖动 M3 单元格的填充柄至 M12 单元格，即可复制公式，计算出其他学生的期评成绩。

4.6.3　函数

函数是预先定义好的表达式，必须包含在公式中。

每个 Excel 函数由函数名和参数组成，其中函数名表示将执行的操作（如求和函数 SUM），参数表示函数将作用的值或值所在的单元格地址。在公式中合理地使用函数，可以完成诸如求和、逻辑判断等众多数据处理功能。

1. 函数的分类

Excel 提供了大量函数，表 4 - 4 列出了常用的函数类型和使用格式。

表 4 - 4　常用的函数类型和使用格式

函数名称	格式	功能
求和	SUM（参数 1，参数 2，……）	求出所有参数的和
求平均值	AVERAGE（参数 1，参数 2，……）	求出所有参数的平均值
求最大值	MAX（参数 1，参数 2，……）	求出所有参数中的最大值
求最小值	MIN（参数 1，参数 2，……）	求出所有参数中的最小值
计数统计函数	COUNT（参数 1，参数 2，……）	统计参数中有数值的单元格
条件统计函数	COUNTIF（统计范围，条件）	统计参数中满足条件的单元格的个数
逻辑函数	IF（条件，结果 1，结果 2）	条件运算值为真时，函数的值为结果 1 条件运算值为假时，函数的值为结果 2
排序函数	RANK. EQ（待排序数据，范围，排序方式）	返回待排序数据在指定范围中的大小排位

注意：函数中所有的符号如括号"（）"、各参数之间的间隔符逗号"，"，都必须用英文符号，使用中文输入法输入的括号或逗号可能会导致函数出错；函数及引用的单元格名称不区分大小写。

2. 函数的使用方法

使用函数时，可以在单元格中手工输入函数，也可以使用函数向导输入函数。

1）手工输入

即由用户直接输入函数的名称及参数等。例如，求学生成绩表中唐颖同学的期末总分，可直接在 L3 单元格中输入"＝"，然后输入函数名 SUM（），再在括号中输入需要求和的单元格名称或数值 G3：K3，编辑完成后按键盘上的"Enter"键或编辑栏的"确认"按钮✔。完整的函数为：＝SUM（G3：K3）。手工输入函数如图 4-25 所示。

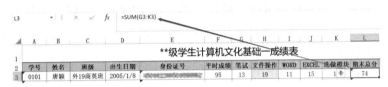

图 4-25　手工输入函数

2）使用函数向导输入函数

如果不确定函数名或格式，可以使用函数向导输入函数，操作如下：

（1）单击要输入函数的单元格（如 L6），然后单击编辑栏中的"插入函数"按钮 *fx*。

（2）在弹出的"插入函数"对话框中的"选择类别"下拉列表中选择函数所在的类，"常用函数"中列出了最常见的函数，如求和、求平均等，如果不确定在哪一类，也可以选择"全部"或使用"搜索函数"。

（3）在"选择函数"列表中找到并选择所需要的函数，如求和函数 SUM，选择某个函数以后，在下方会有该函数的功能说明和使用格式，最后单击"确定"按钮。

（4）在"函数参数"对话框的 Number1 编辑框中输入需要求和的数值、单元格名称或单元格区域。另外，也可以单击 Number1 编辑框右侧的压缩对话框按钮，然后在工作表中选择需要进行求和运算的单元格或区域。

（5）单击"函数参数"对话框中的"确定"按钮得到结果。插入求和函数如图 4-26 所示。

3. 常用函数的使用方法举例

1）求和、求平均值、求最大值、求最小值、计数统计函数

这几个函数的使用格式基本一致，参数设置方法参考上述示例中 SUM 的使用方法。

2）条件统计函数 COUNTIF

COUNTIF 函数是统计出满足条件的单元格个数，其书写格式为：COUNTIF（统计范围，条件），统计范围是指需要统计的单元格区域，条件是指满足什么条件的单元格会被计数统计。

示例 4-1：假设要在 M19 单元格中显示期末总分低于 60 分的同学人数。

（1）在"数据计算"工作表 M19 单元格中输入"＝"，单击编辑栏中插入函数按钮 *fx*，

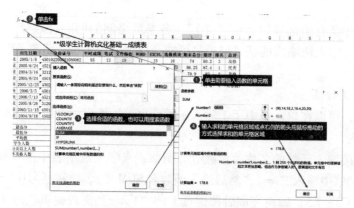

图4-26 插入求和函数

在弹出的"插入函数"对话框中选择"统计"类"COUNTIF"函数，单击"确定"。

（2）在弹出的"函数参数"对话框中，Range编辑框中输入要统计的单元格区域M3：M12，在Criteria编辑框中输入统计的条件"＜60"。按键盘上的"Enter"键确认。

（3）完整的公式为："= COUNTIF（M3：M12,"＜60"）"，统计结果为2，即从M3到M12的连续单元格区域中，其中值小于60的单元格个数为2。条件统计函数结果如图4-27所示。

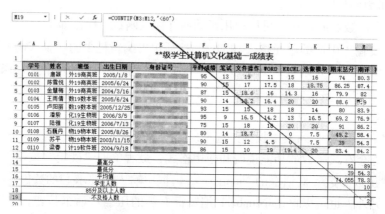

图4-27 条件统计函数结果

3）排序函数RANK. EQ

RANK. EQ函数的作用是返回某数据在指定范围数据中的大小排位，排位方式由第三个参数指定，其书写格式为：RANK. EQ（数据，范围，排序方式）。

示例4-2：要在"排名"中显示某位同学在10位同学中的名次，名次排位是按期评成绩由高到低排序的。

现在N3单元格要显示的是0101号同学的排名情况，因此它要排名的数字是0101号同学的期评成绩（在M3单元格中），要比较的范围是10位同学的期评成绩，成绩最高的排第一，按降序排序。

（1）在"数据计算"工作表中单击N3单元格，单击编辑栏中插入函数按钮，在弹出的"插入函数"对话框中选择"全部"类"RANK. EQ"函数，单击"确定"。

（2）在弹出的函数参数中，有三项需要填写：

①Number：是要排名的数字。

②Ref：是一组数或包含数的单元格区域，是排名的数字要排名的范围。

③Order：是排序方式，非 0 值表示按升序排序，0 值或忽略不写表示按降序排序。

N3 单元格的函数参数设置如图 4 - 28 所示。最后单击"确定"按钮。

图 4 - 28　排序函数

（3）完整的公式为："= RANK（M3，M ＄3：M ＄12，0）"，结果显示为"7"，表示第一位同学的期评成绩在全体同学中排名第七。

注意： 该函数中范围用的是 M ＄3：M ＄12，M ＄3，表示单元格的混合引用，什么是单元格的混合引用以及为什么要混合引用，将在 4.6.4 中详细讲述。

4）逻辑函数 IF

IF 函数的作用是根据条件表达式的值（TRUE 或 FALSE）显示结果 1 或结果 2，其书写格式为 IF（条件，结果 1，结果 2）。

示例 4 - 3： 要在"总评"中显示某位同学是否及格，及格的条件是期评成绩大于等于 60。若低于 60 的显示"不及格"。

现在 O3 单元格要显示的是 0101 号同学是否及格，因此它的条件是 0101 号同学的期评成绩（在 M3 单元格中）是否大于等于 60，如果"＞ ＝60"，则显示"及格"，否则显示"不及格"。

（1）在 O3 单元格中输入"＝"，单击编辑栏中"插入函数"按钮，在弹出的"插入函数"对话框中选择"常用函数"类"IF"函数，单击"确定"按钮。

（2）在弹出的函数参数中，有三项需要填写：

①Logical_test：是任何计算结果为 TRUE 或 FALSE 的数值或表达式。

②Value_if_true：Logical_test 中的结果为 TRUE 时 IF 函数返回该编辑框里的值。

③Value_if_false：Logical_test 中的结果为 FALSE 时 IF 函数返回该编辑框里的值。

O3 单元格的函数参数设置如图 4 - 29 所示。最后单击"确定"按钮。

（3）完整的公式为："= IF（M3 ＞ ＝60，"及格"，"不及格"）"，M3 值为 80.3，表达式"M3 ＞ ＝60"结果为"TRUE"，所以显示 Value_if_true 中的值"及格"。

如果需要显示三档及以上的期评结果，则需要使用 IF 函数嵌套，可以参考如下函数设置：= IF（M6 ＞ ＝60，IF（M6 ＞ ＝85，"优秀"，"及格"），"不及格"）。

【多学一招】插入函数也可以用"开始"选项卡"编辑"组中的求和按钮∑。单击右侧的小三角可以弹出下拉菜单选择其他函数。

4.6.4　Excel 引用

Excel 引用的作用是通过标识 Excel 工作表中的单元格或单元格区域，用来指明公式中

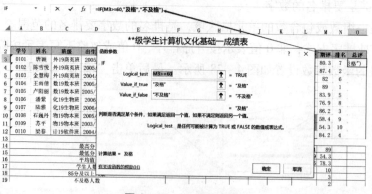

图 4-29 IF 函数参数

所使用的数据位置。通过 Excel 单元格引用，可以在一个公式中使用工作表不同部分的数据，或者在多个公式中使用同一个单元格的数据，还可以引用同一个工作簿中不同工作表中的单元格，甚至其他工作簿中的数据。当公式中引用的单元格数值发生变化时，公式会自动更新其所在单元格内容，即更新其计算结果。

Excel 提供了相对引用、绝对引用和混合引用三种引用类型，用户可以根据实际情况选择使用引用的类型。

1. 相对引用

相对引用指的是单元格的相对地址，其引用形式为直接用列标和行号表示单元格，例如 B5，或用引用运算符表示单元格区域，如 B5：D15。如果公式所在单元格的位置改变，则引用也随之改变。默认情况下，公式使用相对引用，如前面讲解的公式大部分就是如此。

2. 绝对引用

绝对引用是指引用单元格的精确地址，与包含公式的单元格位置无关，其引用形式为在列标和行号的前面都加上"＄"符号，如＄M＄3，不论将公式复制或移动到什么位置，引用的单元格地址的行和列都不会改变。

3. 混合引用

引用中既包含绝对引用又包含相对引用的称为混合引用，如 A＄1 或＄A1 等，用于表示列变行不变或列不变行变的引用。如果公式所在单元格的位置改变，则相对引用的列或行改变，而绝对引用的列或行不变（有＄符号在前面的就是表示绝对引用）。

如上文中计算"排名"的函数中就使用了混合引用，M＄3：M＄12，表示将函数复制到不同的单元格的时候，公式中的范围 M＄3：M＄12 行号不会产生变化，但若复制到其他列，列标 M 是会发生变化的。

4. 相同或不同工作簿中的引用

同一个工作簿中不同工作表中的单元格也可以相互引用，它的表示方法为："工作表名称！单元格或单元格区域地址"。如 Sheet2！F8：F16。

单元格引用也可以引用不同工作簿中的单元格，在当前工作表中引用其他工作簿中的单元格的表示方法为：［工作簿名称.xlsx］工作表名称！单元格（或单元格区域）地址。

4.7　数据管理和分析

4.7.1　数据列表

数据列表是一个矩形表格，其中的单元格没有进行过合并。数据列表的一行数据叫作一条记录，数据列表的一列数据叫作一个字段，数据列表的每一列可以有一个名字——字段名，如果一个数据列表有字段名，则一定是在数据列表的第一行；如果表格中有单元格由两个以上的单元格合并而成，那么这个表格就不是数据列表。

对于数据列表，Excel 可以进行数据表的排序、筛选、分类汇总、做数据透视表、多表的合并计算等操作。而非数据列表不能做上述操作。

4.7.2　数据排序

排序是对 Excel 工作表中的数据进行重新组织安排的一种方式。在 Excel 2016 中可以对一列或多列中的数据按文本、数字以及日期和时间进行排序。

1. 简单排序

Excel 2016 简单排序是指数据列表中的数据按照某列升序或降序的方式排列，方法如下：

方法一：单击要进行排序的列中的任一非空单元格，注意不是选中某一列，再单击"开始"选项卡"编辑"组中的"排序和筛选"按钮，在下拉菜单中选择"升序"或"降序"，所选列即按升序或降序方式进行排序，如图 4 – 30 所示。

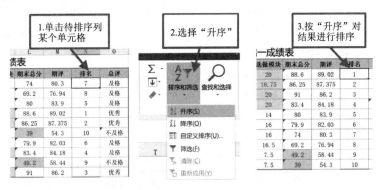

图 4 – 30　排序

方法二：可以用"数据"选项卡"排序和筛选"组中的"升序"或"降序"按钮来实现简单排序。

2. 多关键字排序

Excel 中多关键字排序就是对工作表中的数据按两个或两个以上的关键字进行排序。

对多个关键字进行排序时，在主要关键字完全相同的情况下，会根据指定的次要关键字进行排序；在次要关键字完全相同的情况下，会根据指定的下一个次要关键字进行排序，依次类推。

例如，学生成绩表中，按"平时成绩"降序排序，如果"平时成绩"相同，则按"期末总分"降序排序，具体操作如下：

（1）首先单击要进行排序操作工作表中的任意非空单元格，然后单击"开始"选项卡"编辑"组中的"排序和筛选"按钮或单击"数据"选项卡上"排序和筛选"组中的"排序"按钮，在下拉菜单中选择"自定义排序"。

（2）首先在打开的"排序"对话框中设置"主要关键字"条件，然后单击"添加条件"按钮，添加一个次要条件，再设置"次要关键字"条件，最后单击"确定"按钮。自定义排序如图 4-31 所示。

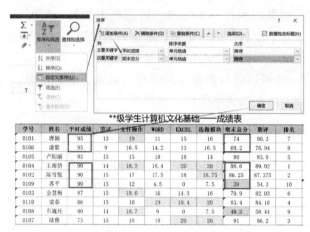

图 4-31　自定义排序

4.7.3　数据筛选

在对 Excel 工作表数据进行处理时，可能需要从工作表中找出满足一定条件的数据，这时可以用 Excel 的数据筛选功能显示符合条件的数据，而将不符合条件的数据隐藏起来。要进行筛选操作，Excel 数据表中必须有列标签。

例如，在筛选素材表.xlsx 的"数据筛选"工作表中要筛选出"计 19 软件班"期评成绩在 85~90 分的记录，可按如下操作进行：

1. 自动筛选

自动筛选一般用于简单的条件筛选，具体操作如下：

（1）单击要进行筛选操作的工作表中的任意非空单元格。

（2）单击"开始"选项卡"编辑"组中的"排序和筛选"按钮，在下拉菜单中选择"筛选"或单击"数据"选项卡上"排序和筛选"组中的"筛选"按钮。

（3）工作表标题行中的每个单元格右侧显示筛选箭头，单击要进行筛选操作列标题右侧的筛选箭头，本例单击"班级"右侧的箭头，在展开的列表中勾选"计 19 软件班"左侧的复选框，单击"确定"即可筛选出"计 19 软件班"的学生成绩记录。"班级"筛选如图 4-32 所示。

如果想恢复显示全部数据，则单击"筛选"按钮即可取消筛选。

2. 自定筛选条件

要将期评成绩为 85~90 分的记录筛选出来，可使用数字筛选的方法，操作如下：

（1）单击"期评"列标题右侧的筛选箭头，在打开的筛选列表选择"数字筛选"，然后在展开的子列表中选择"介于"选项。

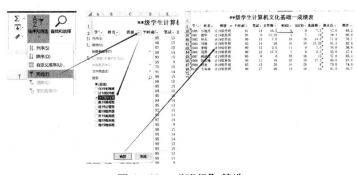

图 4 – 32　"班级"筛选

（2）在打开的"自定义自动筛选方式"对话框中设置具体的筛选项，然后单击"确定"按钮。数字筛选如图 4 – 33 所示。

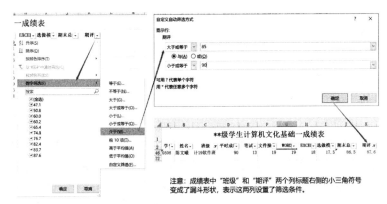

图 4 – 33　数字筛选

Excel 的数据筛选功能还可以对数据按其他条件进行筛选，此处不再一一列出。

4.7.4　分类汇总

Excel 分类汇总是把数据表中的数据分门别类地统计处理，无须建立公式，Excel 会自动对各类别的数据进行求和、求平均值、统计个数、求最大值（最小值）和总体方差等多种计算，并且分级显示汇总的结果，从而增加了 Excel 工作表的可读性，使用户更快捷地获得需要的数据并做出判断。

例如，要按班级分类汇总"笔试"到"选做模块"五个字段的平均值和"期评"成绩的最大值。

1. Excel 简单分类汇总

简单分类汇总是指对数据表中的某一列以一种汇总方式进行分类汇总。例如，按班级分类汇总学生期评成绩平均分，操作步骤如下：

（1）对工作表中要进行分类汇总字段（列）进行排序，升序降序均可。这里对"班级"列进行排序。

（2）单击"数据"选项卡上"分级显示"组中的"分类汇总"按钮，打开"分类汇总"对话框。

（3）在"分类字段"下拉列表选择要进行分类汇总的列标题"班级"；在"汇总方式"

下拉列表选择汇总方式"平均值";在"选定汇总项"列表中选择需要进行汇总的列标题"笔试""文件操作""选做模块"等五个字段,设置完毕后,单击"确定"按钮,这样就按班级分类汇总出各班学生五个模块成绩的平均值。分类汇总操作及其效果如图 4 - 34 所示。

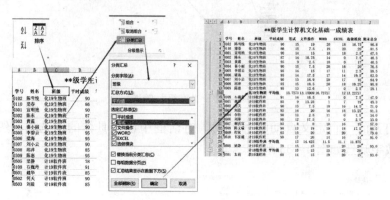

图 4 - 34 分类汇总操作及其效果

2. Excel 多重分类汇总

对工作表中的某列数据选择两种或两种以上的分类汇总方式或汇总项进行汇总,就叫多重分类汇总。

例如,在图 4 - 34 所示汇总的基础上,要再次按"班级"汇总期评成绩的最大值,可打开"分类汇总"对话框,"分类字段"选择"班级","汇总方式"选择"最大值","选定汇总项"选择"期评",最后取消"替换当前分类汇总",再单击"确定"按钮。

注意:要保留前一次汇总的结果,必须在"分类汇总"对话框中取消"替换当前分类汇总"。

4.8 数据图表化

4.8.1 图表的组成

图表是以图形化方式直观地表示工作表中的数据,方便用户查看数据的差异和预测趋势。

1. 图表的组成

创建图表前,先介绍一下图表的组成元素。图表由许多部分组成,每一部分就是一个图表项,如图表区、绘图区、图表标题等,如图 4 - 35 所示。

(1)图表区:整个图表边框以内所有区域,包含所有的图表元素。

(2)绘图区:是图表中真正包含图表内容的部分。绘图区包括除图表标题和图例之外的所有图表元素。

(3)图表标题:用于说明图表的内容,用户可以设置是否显示以及显示位置。

(4)数值轴:通过上面的刻度表示每个图形数值的大小。

(5)分类轴:用于表示数据的分类。

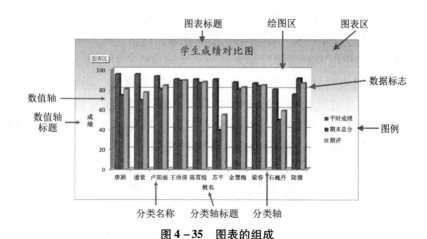

图 4-35　图表的组成

（6）数据标志：即图表中的柱形、面积、饼形或其他图形。一个数据标志对应一个单元格数据。图表类型不同，数据标志也不同。

（7）图例：用于指明各个颜色的图形所代表的数据系列。

2. 图表的类型

利用 Excel 2016，可以创建各种类型的图表，帮助用户以多种方式表示工作表中的数据，各类型图表的作用如下：

（1）柱形图：用于显示一段时间内的数据变化或显示各项之间的比较情况。在柱形图中，通常沿水平轴组织类别，而沿垂直轴组织数值。

（2）折线图：可显示随时间而变化的连续数据，非常适用于显示在相等时间间隔下数据的趋势。在折线图中，类别数据沿水平轴均匀分布，所有值数据沿垂直轴均匀分布。

（3）饼图：显示一个数据系列中各项的大小与各项总和的比例。饼图中的数据点显示为整个饼图的百分比。

（4）条形图：显示各个项目之间的比较情况。

（5）面积图：强调数量随时间而变化的程度，也可用于引起人们对总值趋势的注意。

（6）散点图：显示若干数据系列中各数值之间的关系，或者将两组数绘制为 X、Y 坐标的一个系列。

（7）股价图：经常用来显示股价的波动。

（8）曲面图：显示两组数据之间的最佳组合。

（9）圆环图：像饼图一样，圆环图显示各个部分与整体之间的关系，但是它可以包含多个数据系列。

（10）气泡图：排列在工作列表中的数据可以绘制在气泡图中。

（11）雷达图：比较若干数据系列的聚合值。

对于大多数图表（如柱形图和条形图），可以将工作表的行或列中排列的数据绘制在图表中，而有些图形类型，如饼图和气泡图，则需要特定的数据排列方式。

4.8.2　图表的创建与删除

1. 创建图表

在 Excel 2016 中创建图表的一般流程为：选中要创建为图表的数据并插入某种类型的图

表；设置图表的标题、坐标轴和网格线等图表布局；根据需要分别对图表的图表区、绘图区、分类（X）轴、数值（Y）轴和图例项等组成元素进行格式化，从而美化图表。

例如，要创建不同学生平时成绩、期末总分、期评成绩的对比图，操作如下：

（1）选择要创建图表的数据：姓名、平时成绩、期末总分、期评四列数据。选择时，要把字段名一起选中，不连续的单元格区域可以用"Ctrl"键＋鼠标拖动的方式来选择。

（2）在"插入"选项卡"图表"组中单击要插入的图表类型，在打开的列表中选择子类型，即可在当前工作表中插入图表，如图4-36所示。

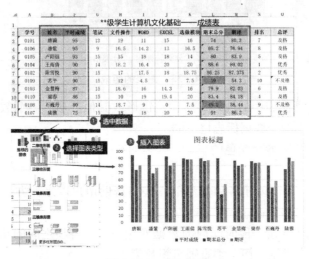

图4-36 插入图表

在Excel 2016中创建图表方法很简单，图表是为了更直接地显示表格数据的差异或变化趋势，不同类型的数据表创建的图表类型可能不一样，但创建方法基本相同。

2. 删除图表

如果要删除图表，则用鼠标左键单击图表的边框选中它，按键盘上的"Delete"键即可。

4.8.3 图表的编辑

1. 移动图表

图表刚创建的时候，插入在工作表中的位置是随机的，如果图表位置不合适，可以移动图表到恰当的位置，让工作表看起来更美观。

（1）单击图表的边框，按住鼠标左键不放，这时鼠标指针会变成四向箭头。

（2）移动鼠标，这时图表的位置随着鼠标的移动而改变，当图表到达恰当的位置后松开鼠标。

2. 调整图表的大小

如果要调整图表的大小，首先单击图表的边框，然后把鼠标放到图表的八个控制点处，当鼠标变成双向箭头时向图表内（或图表外）拖动鼠标，当达到合适大小时松开鼠标即可。

3. 添加、修改图表元素

创建图表后，选中图表时菜单栏将显示"图表工具"选项卡，包括"设计""格式"

两个子选项卡。用户可以使用这些选项中的命令修改图表，以使图表按照用户所需的方式表示数据。如更改图表类型，调整图表大小，移动图表，向图表中添加或删除数据，对图表进行格式化等。图表工具（一）如图 4 - 37 所示。

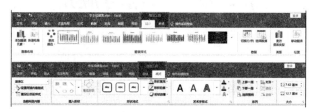

图 4 - 37　图表工具（一）

也可以直接单击图表右侧的 **+** 添加或修改图表元素。选择其中某一项元素以后，在 Excel 窗口右侧将打开设置具体格式的窗口。如选择图例，在 Excel 窗口右侧会打开设置图例格式的窗口，可以在该窗口中进行填充及线条、效果、大小与属性、文本格式等参数的设置。图表工具（二）如图 4 - 38 所示。

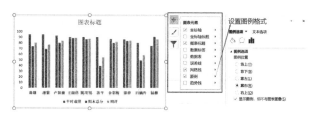

图 4 - 38　图表工具（二）

【多学一招】如果想修改图表中某元素的格式，直接用鼠标左键双击相应的图表元素，就能打开设置格式的窗口。例如，双击"图表标题"文本框，则会打开设置图表标题格式的窗口。

习题

1. 说明 Excel 中工作簿、工作表和单元格之间的区别与联系。

2. 如何选择连续的多个单元格？如何选择不连续的多个单元格？

3. 如何选择一行（多行）？如何插入、删除一行或多行数据？如何隐藏行？如何设置行高？

4. 如何选择一列（多列）？如何插入、删除一列或多列数据？如何隐藏列？如何设置列宽？

5. Excel 2016 中常见的函数有哪些？分别有什么功能？

6. 什么是单元格相对引用、绝对引用、混合引用？

7. 简述分类汇总的作用及操作方法。

8. Excel 2016 中常见的图表类型有哪些？请简述图表的组成部分、创建过程及编辑方法。

第5章 网络与应用

目前，计算机网络已得到越来越广泛的应用，并成为信息化社会的重要支柱。本章的内容有助于读者学习、掌握计算机网络技术的基本知识，了解信息安全知识，掌握 Internet（互联网）基本服务的使用、计算机病毒防治的基本方法，以便更好地利用计算机网络为今后的学习、生活和工作服务。

5.1 计算机网络概述

20世纪60年代末，世界正处于冷战时期。当时美国军方为了自己的计算机网络在受到袭击时，即使部分网络被摧毁，其余部分也能保持通信联系，便由美国国防部高级研究计划局（ARPA）建设了一个军用网，叫作"阿帕网"（ARPANET）。阿帕网于1969年正式启用，当时仅连接了四台计算机，供科学家们进行计算机联网实验使用。ARPANET 是计算机通信网络诞生的标志。

5.1.1 计算机网络的定义和分类

最简单的计算机网络是将两台计算机系统连接起来，实现文件信息的共享和打印机等外部设备的共享，而最复杂的计算机网络则是将全世界的计算机系统连接在一起，这就是人们通常所说的互联网。

从资源共享的观点出发，对计算机网络较全面的定义是："计算机网络是指利用通信线路将地理位置不同的计算机系统相互连接起来，并使用网络软件实现网络中的资源共享和信息传递。"计算机网络示意如图5-1所示。

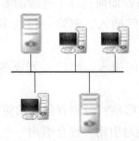

图5-1 计算机网络示意

计算机网络有多种不同的分类方法，其中最常见的是按使用地区范围或规模将网络划分为局域网（Local Area Network，LAN）、城域网（Metropolitan Area Network，MAN）和广域网（Wide Area Network，WAN）3种类型。

1. 局域网

局域网也称局部区域网络，覆盖范围常在 10 米 ~ 10 千米。目前，我国绝大多数企业、事业单位都建立了自己的局域网。

2. 城域网

城域网也称市域网，覆盖范围一般是一个地区或城市，是介于局域网和广域网之间的一种高速网络。随着网络技术的发展，新型的网络设备和传输媒体的广泛应用，距离的概念逐渐淡化，局域网及局域网互联之间的区别也逐渐模糊。

3. 广域网

广域网有时也称远程网，可以覆盖整个城市、国家，甚至整个世界，具有规模大、传输延迟长的特征。

5.1.2 网络的基本组成与功能

1. 网络的基本组成

计算机网络系统由网络硬件系统和网络软件系统两部分组成。在网络系统中，网络硬件对网络的性能起着决定性的作用，是网络运行的实体；而网络软件则是支持网络运行、利用网络资源的工具。

1）网络硬件系统

不同的计算机网络系统，在硬件方面差别是相当大的。常见的网络硬件有各种类型的计算机（服务器和客户机）、网络适配器、共享的外部设备、传输介质、网络通信设备和互联设备等。

（1）服务器。

服务器是计算机网络硬件系统的重要组成部分，用来管理网络并为网络用户提供网络服务。一个计算机网络系统至少要有一台服务器，通常用小型计算机、专用 PC 服务器或高性能微机做网络服务器。服务器的主要功能是为网络客户机提供共享资源、管理网络文件系统、提供网络打印服务、处理网络通信、响应客户机上的网络请求等。常用的网络服务器有文件服务器、通信服务器、打印服务器、DNS 服务器、FTP 服务器、电子邮件服务器、WWW 服务器、数据库服务器、计算服务器等。

（2）客户机。

客户机的主要功能是访问服务器，向服务器发出各种请求，从网络上发送和接收数据。它也可作为独立的计算机为用户端的用户使用。各客户机之间可以相互通信，也可以相互共享资源。客户机/服务器网络如图 5-2 所示。

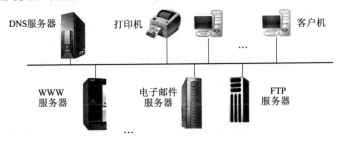

图 5-2　客户机/服务器网络

（3）网络适配器。

网络适配器简称网卡，是计算机与通信介质的接口。网卡的主要功能是实现网络数据格式与计算机数据格式的转换、网络数据的接收与发送等。每台网络服务器和客户机至少都配有一块网卡，通过通信介质连接到网络上。

（4）共享的外部设备。

共享的外部设备是指连接在服务器上的硬盘、打印机、绘图仪等。

（5）传输介质。

传输介质是网络传输信息的通道，是传送信息的载体。通常分为有线传输介质和无线传输介质两种。常见的有线传输介质有电话线、双绞线、同轴电缆和光纤。无线传输介质有微波、红外线、毫米波、光波等。

（6）网络通信和互联设备。

目前常用的设备有交换机、路由器、无线设备、光通信设备等类型，如图5-3所示。

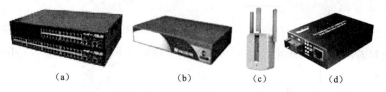

（a） （b） （c） （d）

图5-3 网络通信和互联设备

（a）交换机；（b）路由器；（c）无线设备；（d）光通信设备

交换机能为多台设备提供网络接入的端口，通过数据交换的方式，将数据转发到目的端口，这是我们最常见的网络接入设备。交换机可以把一个小区域（如家庭、宿舍、办公室、机房）内的计算机互联起来，组成一个小的局域网，再通过交换机之间的互联，扩展网络的规模，校园网就是通过多台交换机把全校的计算机都连接到一个网络中。

路由器是网络互联中的重要设备，主要用于局域网和广域网互联，具有数据转发、选择路径和过滤数据的功能。一般用于内网和公网之间的互联，家庭中的网络接入互联网时就需要用到路由器。

无线设备是组建无线网络的必备设备，它应用无线通信技术将计算机、移动终端等设备互联起来。常见的无线设备有无线路由器和无线AP（Access Point），前者一般用于家庭或办公室，后者则常配合无线集中控制器等设备用于更大区域的无线网络覆盖，如校园网。

光通信设备：常见的双绞线通信距离有限，一般不能超过100米，当需要互联的网络设备距离较远时，就需要使用光纤进行互联，而光通信设备就是用于连接光纤的设备，它可以将光信号和电信号相互转换，从而实现远距离的网络通信。常见的光通信设备有光纤收发器、光模块等。在校园网中，楼宇之间、各校区之间的网络通信都需要用到光通信设备。

2）网络软件系统

计算机网络的软件系统比单机环境的软件系统要复杂得多。网络软件通常包括网络操作系统、网络应用软件和网络通信协议等。

（1）网络操作系统。

网络操作系统是运行在网络硬件基础之上的，为网络用户提供共享资源管理服务、基本通信服务、网络系统安全服务及其他网络服务的软件系统。网络操作系统是计算机网络的核心软件，其他客户机应用软件需要网络操作系统的支持才能运行。常见的网络操作系统有Windows Server 系列、CentOS、Linux 等。

（2）网络应用软件。

网络应用软件都是安装和运行在网络客户机上，具有网络通信功能的相关软件，如浏览器、视频会议、下载工具、即时通信软件、游戏软件等。

2. 计算机网络的功能

计算机网络有许多功能，其中最重要的功能是资源共享、数据通信、集中管理与分布式处理、负载平衡。

1）资源共享

资源共享是指硬件、软件和数据资源的共享。网络用户不仅可以使用本地计算机资源，而且可以通过网络访问联网的远程计算机资源，还可以调用网络中几台不同的计算机共同完成某项任务。实现资源共享是计算机网络建立的主要目的。

2）数据通信

数据通信是计算机网络最基本的功能。用来在计算机与终端、计算机与计算机之间快速传送各种信息。利用这一功能，人们可分散、分级和集中管理信息，对其进行统一调配、控制和管理。

3）集中管理与分布式处理

通过集中管理不仅可以控制计算机的权限和资源的分配，还可以协调分布式处理和服务的同步实现。对解决复杂问题来讲，多台计算机联合使用并组成高性能的计算机体系，这种集中管理、协同工作、并行处理要比单独购置高性能的大型计算机的成本低得多。

4）负载平衡

负载平衡是指工作被均匀地分配给网络上的各台计算机。网络控制中心负责负载分配和超载检测，当某台计算机负载过重时，系统会自动转移部分工作到负载较轻的计算机中处理。

5.1.3 网络的拓扑结构与传输介质

1. 拓扑结构

网络拓扑（Network Topology）只研究网络之间的几何关系和结构关系，通过网中节点和通信线路之间的几何关系表示网络结构，反映出网络中各实体的结构关系。

最基本的网络拓扑结构有星型拓扑结构、环型拓扑结构、总线型拓扑结构、树型拓扑结构和网状型拓扑结构，它们组成的网络分别如图 5-4~图 5-8 所示。树型拓扑结构和网状型拓扑结构在广域网中比较常见，但是在一个实际的网络应用中，可能是上述几种网络结构的混合。

1）星型拓扑结构（Star Topology）

由一中央控制点与网络中的其他计算机或设备连接，通常星型网络又称为集中式网络。这是最为常见的一种网络拓扑结构，人们在进行家庭、办公室、机房的组网时，采用的就是这种网络拓扑结构。

2）环型拓扑结构（Ring Topology）

设备被连接成环，每台设备只能和它的一个或两个相邻结点直接通信。若要与其他节点

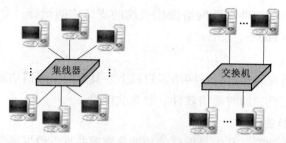

图5-4 星型拓扑网络

通信，信息必须依次经过两者之间的每个设备。如果环只有一点断开，环上所有端点间的通信不受影响。这种结构一般用于多校区之间的网络互联，在成本增加不大的情况下，一定程度上增强了网络的可靠性。

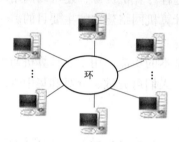

图5-5 环型拓扑网络

3）总线型拓扑结构（Bus Topology）

把各个计算机或其他设备接到一条公用的总线上，在任何两台计算机之间不再有其他连接，这就形成了总线型拓扑结构。

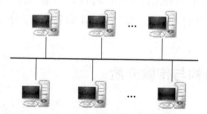

图5-6 总线型拓扑网络

4）树型拓扑结构（Tree Topology）

树型拓扑结构实际上是星型拓扑结构的一种变形。每台交换机与端点用户的连接仍为星型结构，由于交换机的级连而形成树。

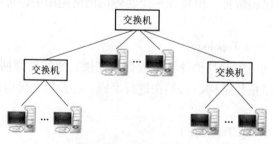

图5-7 树型拓扑网络

5）网状型拓扑结构（Mesh Topology）

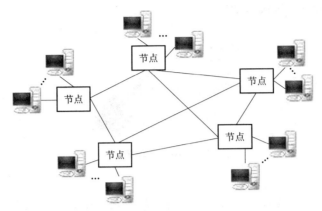

图 5 - 8　网状型拓扑网络

网状型拓扑结构又称作无规则节点之间的连接，是任意的、没规律的。网状拓扑主要优点是系统可靠性高，但结构复杂。

现在的局域网的拓扑结构多为多种拓扑的结合，一般而言，在接入层使用树型结构，在核心层使用网状结构，以保障通信的可靠性。

2. 网络传输介质

传输介质（Transmission Medium）又称传输媒体，是将信息从一个节点向另一个节点传送的连接线路实体。在组网时根据计算机网络的类型、性能、成本及使用环境等因素，应该分别选择不同的传输介质。

1）有线传输介质

目前最为常用的有线传输介质是双绞线和光纤。

（1）双绞线（Twisted Pair，TP）。

双绞线主要用于局域网中，将计算机连接到交换机。双绞线中有 8 根通信线，每 2 根相互缠绕形成 1 对，并因此而得名，这种设计主要是为了防止网络信号传输中通信线之间相互干扰，其内部结构如图 5 - 9 所示。双绞线的两端可安装 RJ - 45 网卡接头（俗称水晶头），形成成品线，可用于连接网卡、交换机等通信设备，最大通信距为 100 米，传输速率可达到 1 千兆位每秒。

绝缘外套 →

（a）　　　　　（b）　　　　　（c）

图 5 - 9　双绞线内部结构

（a）双绞线内部；（b）RJ - 45 网卡接口；（c）成品线

（2）光纤（Optical Fiber）。

光纤（通称光缆）主要用于各种高速局域网络中。光纤是一种传输光束的细微而柔韧的介质，通常由透明的石英玻璃拉成细丝，由纤芯和包层构成双层通信圆柱体，其结构如图

5-10 所示。纤芯用来传导光波。光纤的优点是不受外界电磁干扰与影响，信号衰变小，频带较宽，传输距离较远，传输速度快。

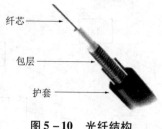

图 5-10　光纤结构

2）无线传输介质

在计算机网络中，无线传输可以突破有线网的限制，利用空间电磁波实现站点之间的通信，可以为广大用户提供移动通信。频率为 300MHz～300GHz，波长为 1 毫米～1 米之间的电磁波称为微波，它是计算机网络通信中最为常用的无线通信介质。人们常用的 Wi-Fi 就是使用微波进行通信的。

5.1.4　小型局域网组建

局域网是人们接触得最多的网络类型，如一个宿舍的网络、计算机房的网络、办公室的网络等都属于局域网，这些小的局域网又可以组成更大的局域网，如校园网。在日常学习生活中，同宿舍的同学往往会遇到这些情况：某同学计算机上有部好看的电影，我们想复制到自己的计算机上，但是没有 U 盘；某同学计算机连接有打印机，我们想打印一些文档，但同学在用计算机，不方便打扰；闲暇之余，同学间想玩一下网络对战的游戏；同宿舍的同学想共享一条线路上网等。如果我们能将同学的计算机连接到一个局域网中，这些问题就可以很方便地解决。

下面我们就以三台计算机的联网为例引领大家按以下步骤动手组建自己的局域网。

1. 硬件准备

若要组建一个简单局域网，首先要具备以下硬件：至少两台计算机、若干网线，一台以太网交换机。

1）至少两台带有网卡的计算机

现在的计算机，不管是台式机还是笔记本电脑，基本上都已经将网卡集成在主板上，台式机的背面或笔记本电脑的侧面一般都有如图 5-11 所示的 RJ-45 网卡接口（该接口外形像一个"凸"字，带有两个指示灯，有的旁边还画有三台计算机联网的图标）。

图 5-11　RJ-45 网卡接口

2）网线

目前组建局域网最常用的连接介质是双绞线，可直接购买相应长度的成品线，也可以购买网线及 RJ-45 网卡接口，利用图 5-12 所示的 RJ-45 压线钳自行制作，具体方法此处不再赘述。

图 5-12　RJ-45 压线钳

3）以太网交换机

市场上的以太网交换机（图 5-13）种类繁多，接口数量也各不相同，大部分家用路由器也带有 4 个左右的交换端口，这是同时具备交换和路由功能的一种设备，很适合家庭组网，我们可根据需要进行选购。

图 5-13　以太网交换机

将网线分别插入 PC 机网卡和交换机的端口，接通电源后，如所连接端口的绿灯都能亮起，就算是完成了硬件连接。

2. 网络配置

在 Windows 10 操作系统中，打开"控制面板"，依次单击"网络和 Internet"→"网络和共享中心"→"更改适配器配置"，弹出如图 5-14 所示的"网络连接"窗口，鼠标右键单击"以太网"，选择"属性"，弹出如图 5-15 所示的"以太网属性"对话框。

图 5-14　"网络连接"窗口

鼠标左键双击"Internet 协议版本 4（TCP/IPv4）"项目，在弹出的 TCP/IP 属性对话框中按图 5-16 所示设置 IP 地址和子网掩码。

 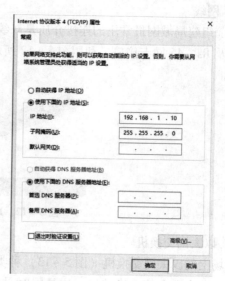

图 5-15 "以太网属性"对话框   图 5-16 TCP/IP 属性对话框

注意：要组网的计算机 IP 地址须设置在同一个网段，即每台计算机的 IP 地址均为192.168.1.X，X 为 1 ~ 254 之间的整数，这些计算机的 X 取值不能相同，否则会产生冲突，子网掩码均设置为255.255.255.0。例如，可将第一台 IP 地址设为 192.168.1.10，第二和第三台计算机的 IP 地址分别设为 192.168.1.11 和 192.168.1.12，以此类推。

3. 资源共享

人们一般使用 QQ 或网盘进行文件共享，这种方式须通过互联网上的服务器在 Windows 10 操作系统中内置文件及打印机共享的功能，但配置起来比较麻烦，涉及文件权限和防火墙等方面的配置，对初级用户不太友好。现在网上有不少基于局域网进行资源共享的工具，其中飞鸽传书是一个功能强大、简单易用的工具软件。

飞鸽传书是面向企业、学校、家庭的局域网即时通信软件，实现局域网内部消息/文件的高速传输、多媒体远程播放和飞鸽网络打印，软件具有即装即用、传输快捷的特点。目前已经覆盖 Windows / Mac / Linux / Android / iOS 平台，实现 PC、手机、平板、智能电视平台基于网络的互联互通。该软件的安装文件可从其官网下载，安装后，可自动扫描在线的飞鸽用户，不需要安装和配置各类打印机驱动程序，即刻实现客户端文件互传、远程播放和打印功能，成为企业、政府办公和家庭多媒体共享的有力工具，而且基于内网，安全、可控。该软件的主界面和对话窗口如图 5-17 和 5-18 所示。

5.2 互联网基础

5.2.1 互联网的起源与发展

1. 互联网的起源

互联网的前身是 1969 年 ARPA 建立的一个只有四个节点的存储转发方式的分组交换广域网 ARPANET。该网是以验证远程分组交换网的可行性为目的的一项试验工程。在 20 世纪

图 5-17　飞鸽传书主界面

图 5-18　飞鸽传书对话窗口

70 年代计算机网络发展的初期，除 ARPANET 之外，还有各种使用不同的通信协议建立的计算机网络。这些网络各自为政，难以相互通信和共享资源。为了将这些网络连接起来，美国人温顿·瑟夫（Vinton Cerf）提出一个想法：在每个网络内部各自使用自己的通信协议，在和其他网络通信时使用 TCP/IP 协议。1982 年 ARPA 接受了这个设想，开放 ARPANET 允许各大学、政府或私人科研机构使用 TCP/IP 网络加入。于是在 20 世纪 80 年代大量局域网依靠 TCP/IP 协议，通过 ARPANET 相互连接，这种用 TCP/IP 协议互联的网络规模迅速扩大。

除了在美国，世界上许多国家通过远程通信，也将本地的计算机和网络接入 ARPANET。这个行为使原用于军事试验的 ARPANET 逐渐演化成美国国家科学基金会（National Science Foundation，NSF）对外开放与交流的主干网 NSFNET，最终促成了互联网的诞生。

1993 年美国克林顿政府提出建设"信息高速公路"（又称国家信息基础设施，National Information Infrastructure，NII）计划，在世界各国引起极大反响。欧洲和日本、韩国以及东南亚各国纷纷提出了建设自己国家信息基础设施的有关计划和措施，在世界范围内掀起建设"信息高速公路"的高潮。作为"信息高速公路"的雏形，互联网成为事实上的全球信息网络的原型。最终发展成当今世界范围内资源共享的国际互联网，成为事实上全球电子信息的"信息高速公路"。

截至 2020 年 6 月，全球约有 48 亿网民，互联网普及率为 62%。根据中国互联网络信息中心在 2019 年 2 月发表的《第 43 次中国互联网络发展状况统计报告》，截至 2018 年 12 月，中国的网民人数达 8.29 亿，居世界首位，互联网普及率达到 59.6%，仍落后于互联网发达国家。

2. 我国十大互联网络单位

1994 年 4 月 20 日，中国科技网的前身中关村教育科研网（NCFC）以 TCP/IP 协议正式实现了与互联网的连接，这标志着中国从此与世界互联。几十年来，互联网在中国发展迅速。目前我国可以与互联网互联的全国范围的公用计算机网络已经发展到 10 个，其中中国教育和科研计算机网（CERNET）是面向全国高校建立的。CERNET 主干网的网络中心设在清华大学，下设北京、上海、南京、西安、广州、武汉、成都、沈阳 8 个地区网络中心。第一批入网的高校有 108 所。现在全国大部分高校和部分中、小学已经接入 CERNET，极大地改善了中国高校的教学、科研条件，促进了高校的校园网建设，对我国国民经济信息化建设也产生了深远的影响。

公益性互联网络单位：
- 中国科技网（CSTNET）
- 中国国际经济贸易互联网（CIETNET）
- 中国教育和科研计算机网（CERNET）
- 中国长城互联网（CGWNET）

经营性互联网络单位：
- 中国联通互联网（UNINET）
- 中国公用计算机互联网（CHINANET）
- 中国移动互联网（CMNET）
- 中国网通公用互联网（CNCNET）
- 中国铁通互联网（CRCNET）
- 中国卫星集团互联网（CSNET）

5.2.2 常用网络协议

1. 计算机网络协议

网络协议是管理网络上所有实体（网络服务器、客户机、交换机、路由器、防火墙等）之间通信规则的集合，是用来控制计算机之间数据传输的计算机软件，即，计算机之间的相互通信需要共同遵守一定的规则，这些规则就称为网络协议。不同计算机之间必须使用相同的网络协议才能进行通信。网络协议多种多样，目前互联网上最为流行的是 TCP/IP 协议，它已经成为互联网的标准协议。

2. TCP/IP

TCP/IP 实际上是一组网络协议的集合。IP（Internet Protocol）即"网际协议"，详细规定了计算机在通信时应该遵循的全部规则，是互联网上使用的一个关键的底层协议。该协议指定了所要传输的数据包的结构。它要求计算机把信息分解成一个个较短的数据包发送。每个数据包除了包含一定长度的正文外，还包含数据包将被送往的 IP 地址，这样的数据包被称为"IP 包"。这样，一条信息的多个 IP 包就可以通过不同的路径到达同一个目的地，从而可以利用网络的空闲链路传输信息。

TCP（Transmission Control Protocol）即"传输控制协议"。由于每个 IP 包到达目的地的中转路径及到达的时间都不尽相同，为防止信息包丢失，有必要在 IP 的上层增加一个对 IP 包进行验错的方法，这就是 TCP。TCP 检验一条信息的所有 IP 包是否都已经收齐，次序是否正确，若有哪个 IP 包还没有收到，则要求发送方重发这个 IP 包；若各个 IP 包到达的次序出现混乱，则进行重排。TCP 的作用是确保一台计算机发出的报文流能够无差错地发送到互联网上的其他计算机中，并在接收端把收到的报文再组装成报文流输出。

5.2.3 IP 地址

TCP/IP 分为 IPv4 和 IPv6 两个版本。IP 地址是整个 IP 的核心，对于路由选择等有着很大的影响。

1. IPv4

每部手机都有一个全球唯一的号码，类似的，为了完成计算机网络的通信，IP 协议为每个网络接口分配一个唯一的 IP 地址。如果一台主机有多个网络接口，则要为它分配多个 IP 地址。如一台路由器可以同时拥有若干个 IP 地址。

IPv4 规定 IP 地址的长度为 32 位，分为 4 个字节。通常写成 4 个十进制的整数，每个整数对应一个字节，用小数点将它们隔开。这种表示方法称为"点分十进制表示法"。每个整数的取值范围为 0 ~ 255。

例如，主机的 IP 地址 "11001010110000010100000100100011" 可表示成 202.193.65.35，这就是实际使用的 IP 地址（表 5-1）。

表 5-1　实际使用的 IP 地址

二进制	11001010	11000001	01000001	00100011
十进制	202	.193	.65	.35
缩写后的 IP 地址	202.193.65.35			

在中国，固定电话的号码由区号和话机号两部分组成。类似的，一个 IP 地址也划分为两部分：网络地址和主机地址。网络地址标识一个逻辑网络的地址，也称为网络号。主机地址标识该网络中一台主机的地址，称为主机号。

网络地址和主机地址的分隔界限由子网掩码进行标识，如把子网掩码写成二进制的形式，掩码中的 1 对应的部分为网络地址，0 对应的部分为主机地址。

例如，以上面提到的 IP 地址为 202.193.65.35，子网掩码为 255.255.255.0 的这台主机来说，其 IP 地址由如下两部分组成。

（1）网络地址：202.193.65（或写成 202.193.65.0）。

（2）主机地址：35。

两者合起来得到的 202.193.65.35 是标识这台主机的 IP 地址。

IP 地址又分公有地址和私有地址。公有地址（Public Address）由互联网信息中心（Internet Network Information Center，Inter NIC）负责。这些 IP 地址分配给注册并向 Inter NIC 提出申请的组织机构。通过它直接访问互联网。私有地址（Private Address）属于非注册地址，专门为组织机构内部使用。私有地址包括 10.0.0.0 ~ 10.255.255.255、172.15.0.0 ~ 172.31.255.255、192.168.0.0 ~ 192.168.255.255。

2. IPv6

IPv6 是 IEFTF（互联网工程任务组）设计的用于代替现行版本 IP 协议（IPv4）的下一代 IP 协议。IPv6 地址将 IPv4 地址的 32 位升级到 128 位，简单来说就是扩大了地址范围。2019 年 11 月 26 日，所有 IPv4 地址已经分配完毕，这意味着没有更多的 IPv4 地址可以分配给 ISP 和其他大型网络基础设施提供商。从理论上来讲，IPv4 的地址耗尽意味着不能将任何新的设备连接到 Internet。

1）IPv6 的主要优势

（1）更大的地址空间。

IPv4 采用 32 位地址长度，可以为我们提供 2^{32} 大约 43 亿个地址，而 IPv6 采用 128 位地址长度，为我们提供了 2^{128} 个地址，可以说是不受任何限制地提供地址，保守估算 IPv6 实际可分配的地址，整个地球的每平方米面积上仍可分配 1 000 多个地址，号称"为全世界的每粒沙子编上一个 IP 地址"。

（2）传输速度更快。

IPv6 使用的是固定报头，不像 IPv4 那样携带一堆冗长的数据，简短的报头提升了网络数据转发的效率。由于 IPv6 的路由表更小，聚合能力更强，保证了数据转发的路径更短，极大地提高了转发效率，IPv6 也消除了 IPv4 中常见的大部分地址冲突问题，并为设备提供了更多简化的连接和通信。

（3）传输方式更安全。

IPv4 从未被认为是安全的，虽然越来越多的网站正在开启 SSL（安全套接字协议），但是依旧有大量的网站没有采用 HTTPS，IPv6 从头到尾都是建立在安全的基础上的，在网络层认证与加密数据并对 IP 报文进行校验，为用户提供客户端到服务端的数据安全，保证数据不被劫持。

除了上面这些，相比 IPv4，IPv6 对移动端更加友好，它可以增强移动终端的移动特性、安全特性、路由特性，同时，降低网络部署的难度和投资金额。IPv6 增加了自动配置以及重配置技术，即插即用，对于 IP 地址等信息实现自动增删更新配置，提升 IPv6 的易管理性。

2）IPv6 的编址方式

IPv6 的地址长度为 128 位，是 IPv4 地址长度的 4 倍。于是 IPv4 点分十进制格式不再适用，故采用十六进制表示。IPv6 有 3 种表示方法。

（1）冒分十六进制表示法。

格式为 X：X：X：X：X：X：X：X，其中每个 X 表示地址中的 16 位二进制数，以十六进制表示，例如：

$$ABCD：EF01：2345：6789：ABCD：EF01：2345：6789$$

（2）20 位压缩表示法。

在某些情况下，一个 IPv6 地址中间可能包含很长的一段 0，可以把连续的一段 0 压缩为"：："。为保证地址解析的唯一性，地址中"：："只能出现一次，例如：

$$FF01：0：0：0：0：0：0：1101 \rightarrow FF01：：1101$$
$$0：0：0：0：0：0：0：1 \rightarrow ：：1$$

（3）内嵌 IPv4 地址表示法。

为了实现 IPv4 和 IPv6 互通，IPv4 地址会嵌入 IPv6 地址中，此时地址常表示为 X：X：X：X：X：X：d. d. d. d，前 96b 地址采用冒分十六进制表示，而最后 32b 地址则使用 IPv4 的点分十进制表示，例如：

$$：：192. 168. 0. 1 \; 与：：FFFF：192. 168. 0. 1$$

5.2.4　域名系统

1. 域名

域名（Domain）是网络上用来表示和定位网络主机的字符串组合，由符号"."分隔为若干部分。例如 www. nnnu. edu. cn 就是一个域名。主机的域名与其 IP 地址一一对应，两者都能定位网络的主机。IP 地址太抽象，不容易记忆，而域名这种形式更容易为人们接受。

域名系统采用层次结构。域名的一般格式是：

计算机主机名. …. 三级域名. 二级域名. 顶级域名

每级域名都是由英文字母和数字组成，最右边为级别最高的顶级域名，最左边为主机名。例如：域名 www. nnnu. edu. cn 表示中国的、教育部门的、南宁师范大学的一台 WWW 服务器。其中 www 为服务器名，nnnu 为南宁师范大学域名，edu 为教育科研部门域名，cn 为中国国家域名。给主机命名的这套方法简称域名系统（Domain Name System，DNS）。

通常顶级域名既可表示地理性顶级域名，也可以表示组织性顶级域名。地理性顶级域名为两个字母的缩写形式，表示某个国家或地区；组织性顶级域名表示组织、机构类型。表 5 - 2 和表 5 - 3 为常用地理性顶级域名和常用组织性域名及其含义。

2. 域名服务器 DNS（Domain Name Server）

域名服务器是安装有域名解析处理软件的主机，用于实现域名解析（将主机名连同域名一起映射成 IP 地址）。此功能对于实现网络连接起着非常重要的作用。

例如，当网络上的一台客户机需要通过 IE 访问互联网上的某台 WWW 服务器时，客户机的用户只需在 IE 的地址栏中输入该服务器的域名地址，如 www. gxtc. edu. dn，即可与该服务器进行连接。而互联网上的计算机之间进行连接是通过计算机唯一的 IP 地址来进行的。因此，在计算机主机域名和 IP 地址之间必须有一个转换：将域名解释成 IP 地址。域名解释的工作由域名服务器来完成。

表 5 – 2　常用地理性顶级域名及其含义

区域	国家或地区	区域	国家或地区
be	比利时	ca	加拿大
de	德国	fr	法国
ie	爱尔兰	in	印度
it	意大利	il	以色列
nl	荷兰（王国）	jp	日本
es	西班牙	se	瑞典（王国）
ch	瑞士	cn	中国
gb	英国	us	美国

表 5 – 3　常用组织性域名及其含义

区域	含义
com	商业机构
edu	教育机构
gov	政府部门
int	国际组织
mil	军事网点
net	网络机构
org	非营利机构

5.3　互联网的基本服务

Internet 上提供了许多种类的服务，包括电子邮件（E - mail）、万维网（WWW）、文件传输（FTP）、远程登录服务（Telnet）、新闻组（Usenet）、电子新闻（Usenet News）、Archie、Gopher、广域信息服务系统（Wide Area Information Server，WAIS）、电子公告牌（Bulletin Board System，BBS）、电子商务、博客、网络聊天、网络电话等。

5.3.1　WWW 服务

WWW（World Wide Web，3W），有时也叫 Web，中文译名为万维网、环球信息网等。WWW 是以 HTML 语言与 HTTP 协议为基础，用超链接将互联网上的所有信息连接在一起，并使用一致的用户界面提供面向 Internet 服务的信息浏览系统。通过 WWW，人们可以访问文本、声音、图像、动画、视频、数据库等多种形式的信息。

1. HTTP

WWW 所使用的协议是超文本传输协议（Hypertext Transfer Protocol，HTTP），HTTP 基于 TCP/IP 连接实现。WWW 服务器和客户端程序必须遵守 HTTP 的规定进行通信。

2. URL

统一资源定位器（Uniform Resource Locator，URL）是用于完整地描述 Internet 上网页和其他资源的地址的一种标识方法。URL 的格式如下（带方括号"［ ］"的为可缺省项）：

协议名：//主机地址［：端口号］/路径/文件名。

例如：http：//www. baidu. com/index. html

ftp：//ftp. microsoft. com/

mailto：lxs@ nnnu. edu. cn

3. 超文本（Hypertext）

WWW 将文本及语音、图形、图像和视频等多媒体元素组织成为一种超文本，其中的文字包含有可以链接到其他位置或者文件的超链接，可从当前浏览的文本直接切换到超文本链接所指向的位置。较常用的超文本的格式是 HTML 格式及富文本格式（Rich Text Format，RTF）。用户上网所浏览的网页都属于 HTML 格式的超文本。

4. WWW 服务器

管理和运行 WWW 服务的计算机称为 WWW 服务器。WWW 由 Web 站点和网页组成。当 WWW 服务器通过 HTTP 接收到来自浏览器的访问请求时，WWW 服务器就通过 HTTP 把相应的网页传给浏览器，浏览器再按照 HTML 标准解释显示此网页。

5. 浏览器

用户所用的浏览器为 WWW 的客户端程序，也称为 Web 浏览器。浏览器通过 HTTP 与 WWW 服务器相连接，浏览互联网上的网页。常用的浏览器有 IE 11 浏览器、Edge、FireFox、360 安全浏览器等。下面主要以 IE 浏览器为例，介绍在互联网中浏览 WWW 信息的相关操作。

1）启动 IE 浏览器

单击 Windows 10 开始菜单中的"Internet Explorer"菜单项，即可启动 IE。

2）浏览网页

在地址栏中输入相应网站的网址（URL），即可访问该网站。例如，在地址栏中输入 http：//www. nnnu. edu. cn，按 Enter 键，即可进入南宁师范大学主页，如图 5 – 19 所示。在浏览的网页中单击超链接可跳转浏览其他页面。

图 5 – 19　南宁师范大学主页

3）使用收藏夹访问

将当前网页地址添加到收藏夹中，以后只需要单击收藏夹列表中的选项，就可以快速访问该网页而不必逐一搜索了。

（1）将网址添加到收藏夹：单击 IE 菜单栏的"收藏夹"→"添加到收藏夹"，在"添加到收藏夹"窗中单击"确定"按钮。

（2）整理收藏夹：单击 IE 菜单栏的"收藏"→"整理收藏夹"，在"整理到收藏夹"窗中根据需要删除或移动收藏夹的网站标题。

（3）通过收藏夹来访问网页：先单击 IE 工具栏上的"收藏夹"按钮，或单击 IE 菜单栏的"收藏夹"，再单击需要访问的网站标题。

4）保存当前浏览的网页

单击 IE 菜单栏的"文件"→"另存为"，指定保存的文件名和保存类型，单击"保存"按钮，即可保存当前浏览的网页，如图 5-20 所示。有四种保存类型：①网页，全部（*.htm；*.html）；②Web 档案，单一文件（*.mht）；③网页，仅 HTML（*.htm；*.html）；④文本文件（*.txt）。可以根据需要选择其中一种。

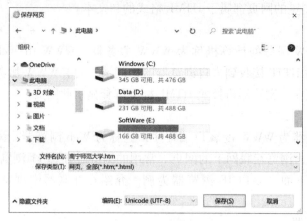

图 5-20　保存网页

5）保存当前浏览的网页的图片

（1）保存图片：在网页的图片上单击鼠标右键，在弹出的菜单中选择"图片另存为"，然后选择保存位置和保存使用的文件名。

（2）保存背景图：在网页的背景图片上单击鼠标右键，在弹出的菜单中选择"背景另存为"，然后选择保存位置和保存使用的文件名。

6）Internet 选项设置

（1）设置浏览器主页。单击 IE 菜单栏的"工具"→"Internet 选项"→"常规"选项卡，在"主页"区单击"使用当前页"按钮，可将当前正在浏览的网页（如 http://www.nnnu.edu.cn/）设置为默认主页，如图 5-21 所示。

（2）管理临时文件与历史记录。

在图 5-21 中的"浏览历史记录"区单击"删除"按钮，可分别将本机上的 Cookies 与 Internet 临时文件删除，以提高浏览速度。

（3）自动完成设置。单击 IE 菜单栏的"工具"→"Internet 选项"→"内容"选项卡，在"自动完成"区单击"设置"按钮，出现"自动完成设置"对话框，勾选"表单上的用户名和密码""在保存密码之前询问我"。这样做的目的是防止自动完成功能在用户访问以前访问的网站时保存用户的账号和口令等历史信息，并弹出提示信息，避免用户的账号和口令泄露。

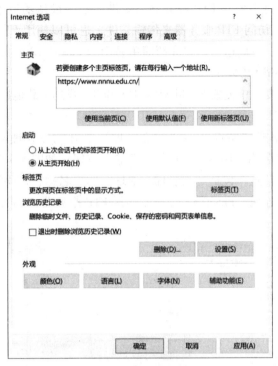

图 5 - 21　Internet 选项对话框

（4）高级设置。有些网站对浏览器有些特殊的设置要求，我们可按网站的相关说明对 IE 进行一些高级选项的设置。浏览器设置如图 5 - 22 所示。

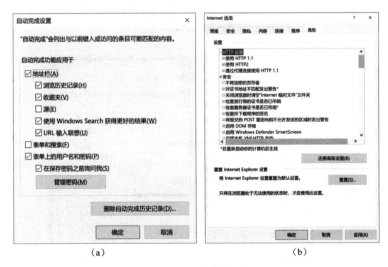

（a）　　　　　　　　　　　　　　　　（b）

图 5 - 22　浏览器设置

（a）自动完成设置；（b）高级设置

5.3.2　FTP 服务

　　FTP 服务允许互联网用户将本地计算机上的文件与远程计算机上的文件双向传输。使用 FTP 几乎可以传送所有类型的文件：文本文件、可执行文件、图像文件、声音文件、数据库文件等。互联网络上有许多公共 FTP 服务器，提供大量的最新的资讯和软件供用户免费下载。我们可以通过 URL 访问 FTP 服务器来传输文件，也可以使用 FTP 工具来连接 FTP 服务器。FTP 工具有很多种，我们这里主要介绍简单易用的 FlashFXP 工具的使用。

1. 下载并安装 FlashFXP 工具

在搜索引擎（如百度）中搜索 FlashFXP 4.1.8 Buil，找到下载地址，下载并安装该工具。

2. 新建 FTP 站点

单击 FlashFXP 菜单栏"站点"→"站点管理"打开站点管理器，然后单击"新建站点"对话框，输入站点名称（随意），单击"确定"按钮，如图 5 – 23 所示。编辑站点管理器里新建的站点的相关信息，包括站点名称、地址、用户名称、密码等。编辑完成，单击应用保存站点信息，单击连接，FlashFXP 即开始连接 FTP 服务器，如图 5 – 24 所示。

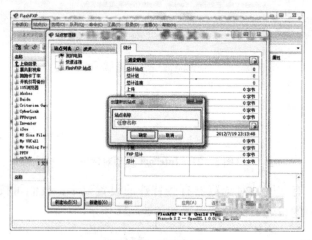

图 5 – 23　新建站点

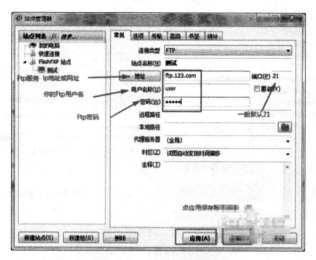

图 5 – 24　连接 FTP 服务器

3. FTP 文件传输

连接 FTP 成功后，右侧窗口会显示 FTP 服务器（站点）目录。用户可以上传、下载、修改、删除 FTP 服务器（站点）中的内容，如图 5 – 25 所示。

图 5 – 25　FTP 文件传输

5.3.3　电子邮件服务

这是互联网上最常用的基本功能之一，通过电子信箱，世界各地的用户能够方便、快捷地收发电子邮件，及时获取信息。

收发电子邮件有两种方式：服务器端的浏览器方式和客户机端的专用软件方式。无论使用哪种方式，用户都需要先登录提供电子邮件信箱服务的网站申请免费邮箱或付费邮箱，注册获取用户名和口令（密码）。

（1）服务器端的浏览器方式（Web 方式）。用户在任何一台联网的计算机上启动浏览器，访问提供电子邮件服务的网站，在其登录界面输入自己的用户名和口令，就可使用网站提供的页面接收、书写、发送电子邮件。其优点是用户无须在客户机安装专用的软件，使用方便。缺点是本地机与服务器交换信息频繁，占用网络线路时间较多，容易受到网络阻塞的影响。

（2）客户机端的专用软件方式（POP3 方式）。用户使用客户机上安装的专用电子邮件应用软件来接收、书写、发送电子邮件。这样的软件有 Foxmail、Outlook Express 等。其优点是书写、阅读邮件在本地机进行，占用网络线路时间较少，下载保存邮件方便。其缺点是只有在安装了专用电子邮件应用软件的机器上才能使用。

下面以 Web 方式的 QQ 邮箱为例，介绍收发电子邮件的有关操作。

1. 建立电子邮箱

在邮件服务器为注册用户建立一个账户，留出一定的存储空间来存储邮件，这个工作称为建立电子邮箱。电子邮件地址的格式如下：

用户名@邮件服务器名。

用户名可以自己设定，邮件服务器名由服务提供商提供，如 abc@ qq. com。

在互联网上，有许多 ISP 提供免费电子邮箱服务，提供免费邮件服务的网站也很多，如163 网易免费邮箱（Email. 163. com）、126 网易免费邮箱（www. 126. com）、网易免费邮箱（www. yeah. net）、新浪免费邮箱（mail. sina. com. cn）、QQ 邮箱（mail. qq. com）等，用户可以从中挑选邮箱存储空间大、服务质量好、网速快的网站进行申请。因此，用户需要申请并注册 QQ 邮箱账户，或者使用 QQ 号登录邮箱，如图 5-26 所示。

图 5-26 QQ 邮箱登录

2. 收发邮件

在 QQ 邮箱主界面中（图 5-27），单击"写信"按钮，进入 QQ 邮箱编辑界面（图 5-28）。在"收件人"输入框中填写收件人的邮箱地址，在"主题"输入框中填写邮件主题，在"正文"部分输入邮件的主要内容，最后单击"发送"按钮，就完成了邮件的发送全过程。

图 5-27 QQ 邮箱主界面

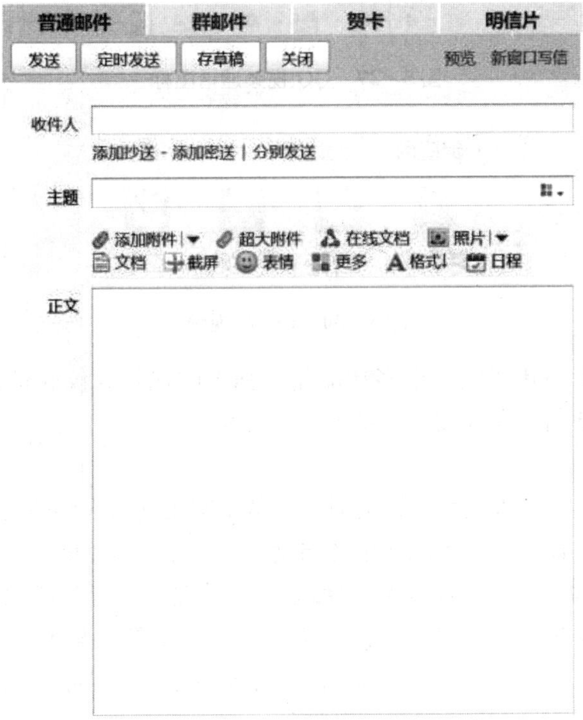

图 5-28　QQ 邮箱编辑界面

在 QQ 邮箱主界面中单击"收信"或者"收件箱",就可以查看所有邮件列表,单击具体的邮件主题,可以查看详细邮件内容。同时,在 Web 形式的 QQ 邮箱中还可以进行邮件的删除、转发等。

5.3.4　即时通信服务

即时通信(Instant Messaging,IM)是一个终端服务,允许两人或多人使用网络即时地传递文字讯息、档案、语音与视频交流,这是目前互联网上最为流行的通信方式,各种各样的即时通信软件层出不穷;服务提供商也提供了越来越丰富的通信服务功能。

其中广泛使用的即时通信软件有 QQ、微信、YY 语音等个人即时通信和以阿里旺旺、MSN 为代表的商务即时通信。

1. 视频会议

如果对谈话内容的安全性、会议质量、会议规模没有要求,可以采用如腾讯 QQ 这样的视频软件来进行视频聊天。而政府机关、企业事业单位的商务视频会议,要求有稳定安全的网络、可靠的会议质量、正式的会议环境等条件,则需要使用专业的视频会议设备,组建专门的视频会议系统。由于这样的视频会议系统都要用到电视来显示,也被称为电视会议、视讯会议。下面介绍通过 QQ 视频可以实现两个或者多个地点的人们面对面的交谈会议。

打开需要视频对话的好友窗口,单击"发起视频通话"图标,如图 5-29 所示,待对方接受邀请后,双方就可以进行两个人的视频会议了。

在 QQ 群中开启"群视频",可以实现多人不同地点的视频会议。通过单击"群应用"中的群视频,打开 QQ 群视频界面,如图 5-30 所示。

图 5 - 29　QQ 视频通话图标

群应用　　　　　　　　更多

群视频　文件　群活动　签到

图 5 - 30　QQ 群视频

近年来，互联网上还新诞生了很多功能相当强大的视频会议软件，如腾讯会议、钉钉等，这些软件为即时通信、在线教学提供了很大便利。

2. 远程协助

当遇到问题需要请求他人远程帮助的时候，就常常用到远程协助功能。如果单独设置远程桌面链接比较麻烦，而且受到不同网络的限制。通过 QQ 远程桌面（图 5 - 31）就可以避免这些麻烦，只需要远程的双方联网登录 QQ 就可以实现。通过邀请他人远程协助自己来完成无法解决的难题。单击好友窗口的"远程桌面"旁的下拉三角形，选择需要的操作"请求控制对方电脑"或"邀请对方远程协助"，待对方接受后，就可以实现远程桌面了。

图 5 - 31　QQ 远程桌面

除 QQ 外，远程协助软件还有很多，如 TeamViewer、ToDesk、向日葵等，用户可根据需要选择使用。

5.3.5　搜索引擎服务

搜索引擎服务（Search Engine）是指根据一定的策略、运用特定的计算机程序从互联网上搜集信息，在对信息进行组织和处理后，为用户提供检索服务并将检索到的相关信息展示给用户的系统。搜索引擎包括全文索引、目录索引、元搜索引擎、垂直搜索引擎、集合式搜索引擎、门户搜索引擎与免费链接列表等。其中搜索引擎的代表有谷歌、百度、好搜等。

1. 搜索技巧

在搜索引擎中输入关键词，然后单击"搜索"，系统很快会返回查询结果，这是最简单的查询方法，使用方便，但是查询的结果不准确，可能包含着许多无用的信息。因此常常会使用一些分词方法和搜索技巧。

使用双引号（""）可以精确搜索。给要查询的关键词加上双引号（半角，以下要加的其他符号同此），可以实现精确的查询，这种方法要求查询结果要精确匹配，不包括演变形式。例如，在搜索引擎的文字框中输入"电传"。

使用加号（＋）可以多关键词搜索。在关键词的前面使用加号，也就等于告诉搜索引擎该单词必须出现在搜索结果中的网页上，例如，在搜索引擎中输入"＋计算机＋电话＋

传真"就表示要查找的内容必须要同时包含"计算机、电话、传真"这三个关键词。

使用减号（-）可以将减少关键词筛选。在关键词的前面使用减号，也就意味着在查询结果中不能出现该关键词，例如，在搜索引擎中输入"电视台-中央电视台"，它就表示最后的查询结果中一定不包含"中央电视台"。

2. 使用逻辑检索

所谓逻辑检索，又称布尔检索，是指通过标准的布尔逻辑关系来表达关键词与关键词之间逻辑关系的一种查询方法，这种查询方法允许我们输入多个关键词，各个关键词之间的关系可以用逻辑关系词来表示。

And/Or/Not（与/或/非）的使用。用 And 连接关键词，表示同时满足多个关键词条件；用 Or 连接关键词，表示满足其中一个关键词条件；用 Not 连接关键词，表示从前一个关键词中排除后一个关键词的结果，类似使用减号（-）搜索。

3. 以图搜图

以图搜图，是通过搜索图像文本或者视觉特征，为用户提供互联网上相关图形图像资料检索服务的专业搜索引擎系统，是搜索引擎的一种细分，通过上传与搜索结果相似的图片或图片 URL 进行搜索。下面介绍百度的以图搜图相关操作。

在"百度图片"首页，如图所示位置单击一个类似于未打开图片的图标，就打开了"百度识图"的界面，如图 5-32 所示。

图 5-32 打开百度识图

在百度识图界面（图 5-33），用户可以复制并粘贴自己想要查询的图片的网址或者从计算机中上传一张图片查询源。最后单击搜索即可完成图片搜索。

图 5-33 百度识图界面

5.3.6 文献检索

文献检索（Information Retrieval）是指根据学习和工作的需要获取文献的过程，随着现代网络技术的发展，文献检索更多是通过计算机技术来完成。常用的文献检索工具有美国《科学引文索引》（SCI）、美国工程信息公司出版的著名工程技术类综合性检索工具（EI）、中国知网（CNKI）以及维普网等。下面以南宁师范大学图书馆资源为例，介绍文献检索相关操作。

1. 馆藏图书目录检索

访问南宁师范大学图书馆主页 http：//lib. nnnu. edu. cn/，在馆藏目录栏，输入关键词，单击"搜索"就可以得到学校图书馆藏信息，如图 5-34 所示。

图 5 - 34　图书馆藏信息检索

2. CNKI 文献检索

南宁师范大学图书馆中文数据库中的内容很多，比较常用的有 CNKI 硕博学位论文库、CNK 期刊全文库等。在日常学习使用中，我们常常需要检索一些比较具有参考价值的文章，如核心期刊、南宁师范大学核心期刊等。下面介绍如何在 CNKI 中检索到核心期刊。

单击"CNKI 中国期刊全文数据库"，进入期刊数据库检索界面，如图 5 - 35 所示。选择检索项（如选择"主题"）并将检索的关键词填写在输入框中，如果需要多条件检索，可以单击"高级检索"来设置更多的检索条件。

图 5 - 35　核心期刊检索界面

5.3.7　网络存储（云存储）

网络存储或称云存储是在云计算（Cloud Computing）概念上延伸和发展出来的一个新的概念，是一种新兴的网络存储技术，是指通过集群应用、网络技术或分布式文件系统等功能，将网络中大量各种不同类型的存储设备通过应用软件集合起来协同工作，共同对外提供数据存储和业务访问功能的一个系统。用户可以在任何时间、任何地方，透过任何可联网的装置连接到云上方便地存取数据。常见的云存储有百度网盘、天翼云盘等。

下面介绍常用云存储——百度网盘的使用相关操作。

（1）注册百度账号，获得百度网盘使用空间。

（2）安装百度网盘客户端并登录，进入百度网盘界面，如图 5 - 36 所示。

（3）上传/下载文件。

在百度网盘界面中，单击"新建文件夹"，输入名称后单击"√"确定。单击进入刚新建的文件夹，再单击"上传"按钮，浏览计算机文件并选择上传。当用户需要下载文件时，找到文件并勾选，再单击"下载"按钮即可完成下载。

5.3.8　博客和微博

博客（Blog），正式名称为网络日志，是一种通常由个人管理、不定期张贴新的文章的网站。博客就是以网络作为载体，能让用户简易迅速便捷地发布自己的心得，及时有效轻松地与他人进行交流，再集丰富多彩的个性化展示于一体的综合性平台，深受网民的喜爱。博客是网络时代的个人"读者文摘"，是以超级链接为武器的网络日记，代表着新的生活方式和新的工作方式，更代表着新的学习方式。人们使用较为广泛的有新浪等博客，其界面如图

图 5 – 36　登录百度网盘

5 – 37 所示。

图 5 – 37　博客界面

　　微博即微型博客（MicroBlog）的简称，也即是博客的一种，是一种通过关注机制分享简短实时信息的广播式的社交网络平台。微博是一个基于用户关系信息分享、传播以及获取的平台。用户可以通过 Web、Wap 等各种客户端组建个人社区，以 140 字（包括标点符号）的文字更新信息，并实现即时分享。较为著名的微博有新浪微博、腾讯微博等，如图 5 – 38 所示。

5.4　无线网络

5.4.1　无线网络概述

　　无线网络（Wireless Network）是采用无线通信技术实现的网络。无线网络既包括允许用户建立远距离无线连接的全球语音和数据网络，也包括为近距离无线连接进行优化的红外线技术及射频技术。无线网络与有线网络的用途十分类似，最大的不同在于传输媒介。利用无线电技术取代网线，可以和有线网络互为备份。主流应用的无线网络分为通过公众移动通

图 5 – 38　微博界面

信网实现的无线网络（如4G或5G）和无线局域网（WLAN）两种方式。

由于无线局域网（WLAN）具有易安装、易扩展、易管理、易维护、高移动性、保密性强、抗干扰等特点，因此各团体、企事业单位广泛地采用了 WLAN 技术来构建其办公网络。1990 年，IEEE802 标准化委员会成立了 IEEE802.11 WLAN 标准工作组，随后，WLAN 技术得到了快速发展。

5.4.2　无线通信技术

无线通信（Wireless Communication）是利用电磁波信号可以在自由空间中传播的特性进行信息交换的一种通信方式。无线通信主要包括微波通信和卫星通信，其中微波通信有蓝牙、Wi-Fi 以及红外线等。

蓝牙技术（Bluetooth）是一种无线技术标准，可实现固定设备、移动设备和楼宇个人域网之间的短距离数据交换（使用2.4 ~ 2.485 GHz 的 ISM 波段的 UHF 无线电波）。蓝牙的波段为 2 400 ~ 2 483.5 MHz（包括防护频带）。这是全球范围内无须取得执照（但并非无管制的）的工业、科学和医疗用（ISM）波段的 2.4 GHz 短距离无线电频段。蓝牙存在于很多产品中，如电话、平板电脑、媒体播放器、机器人系统、手持设备、笔记本电脑、游戏手柄，以及一些高音质耳机、调制解调器、手表等。蓝牙技术在低带宽条件下临近的两个或多个设备间的信息传输十分有用。蓝牙常用于电话语音传输（如蓝牙耳机）或手持计算机设备的字节数据传输（文件传输）。

Wi-Fi 也称为无线保真，是一种可以将个人计算机、手持设备（如平板、手机）等终端以无线方式互相连接的技术，事实上它是一个高频无线电信号。"无线保真"是一个无线网络通信技术的品牌，由 Wi-Fi 联盟所持有。目的是改善基于 IEEE 802.11 标准的无线网络产品之间的互通性。虽然由无线保真技术传输的无线通信质量不是很好，数据安全性能比蓝牙差一些，传输质量也有待改进，但传输速度非常快，符合个人和社会信息化的需求。Wi-Fi

最主要的优势在于不需要布线，可以不受布线条件的限制，因此非常适合移动办公用户的需要，并且由于发射信号功率比手机发射功率还要低，所以无线保真上网相对是最安全健康的。

5.4.3 无线局域网

无线局域网络（Wireless Local Area Networks，WLAN）。无线局域网的网络标准主要采用 802.11 协议族。无线局域网拓扑结构概述：基于 IEEE 802.11 标准的无线局域网允许在局域网络环境中使用可以不必授权的 ISM 频段中的 2.4GHz 或 5GHz 射频波段进行无线连接。它们被广泛应用，作为从家庭到企业再到互联网接入热点。

1. 802.11 协议的发展

802.11 协议发展至今，总共经历了六代，其历程见表 5 - 4。

表 5 - 4 802.11 协议发展历程

世代	名称	备注
第一代	802.11	只使用 2.4GHz，最大传输速率为 2Mbit/s
第二代	802.11b	只使用 2.4GHz，最大传输速率为 11Mbit/s
第三代	802.11g/a	分别使用 2.4GHz 和 5GHz，最大传输速率为 54Mbit/s
第四代	801.11n（Wi-Fi4）	可使用 2.4GHz 或 5GHz，20MHz 和 40MHz 的信道下最大传输速率为 72Mbit/s 和 150Mbit/s
第五代	802.11ac（Wi-Fi5）	可使用 2.4GHz 或 5GHz，5GHz 最大传输速率为 866.7Mbit/s，2.4GHz 延续 Wi-Fi 4 的标准
第六代	802.11ax（Wi-Fi6）	可使用 2.4GHz、5GHz、最新 Wi-Fi 6 已纳入 6GHz，最大传输速率为 1 000Mbit/s

2. 无线局域网的组建

简单的家庭无线局域网的组建，仅需要购买一台无线路由器，建议选购支持 Wi-Fi 6 标准的产品。图 5 - 39 所示是一台常见的家用无线路由器。

图 5 - 39 家用无线路由器

家用型无线路由器的网络接口一般分为两种：WAN 和 LAN 接口，前一种用于连接通向运营商的外线，而后一种用于连接家庭内部需要通过网线连接的设备，如台式机。

正确连接相关线路后，可参看厂商提供的操作手册，通过手机或笔记本电脑连接路由器的默认 Wi-Fi，对无线路由器进行简单的设置。虽然每个厂商提供的配置界面会有所区别，但是基本的设置流程都是一致的。

1）管理密码

设备出厂时，管理密码一般是为空或是简单的默认密码，可在如图 5-40 所示的管理密码设定界面中设置一个安全密码，以防止恶意入侵。

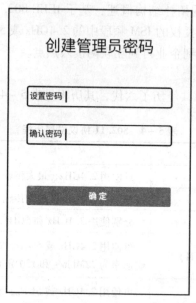

图 5-40 管理密码设定界面

2）选择上网方式

我们根据网络服务提供商提供的服务，选择上网方式并填写上网账号和密码。通常有三种上网方式：PPPoE 是以拨号方式上网，需要填写上网账号和密码；动态 IP，即不需要填写 IP 地址，上层有 DHCP 服务器，一般计算机直接插上网络就可以用；静态 IP，则需要填写对应的 IP 地址、DNS 服务器地址等网络信息，一般是专线网络类或者小区带宽等。上网方式设定界面如图 5-41 所示。

3）无线设置

完成上一步骤之后，有线网络就可以使用了，但是为确保使用安全无线还需要配置名称和密码。无线设置界面如图 5-42 所示。

5.5　网络与信息安全

网络作为信息的载体，当今社会的信息化高速公路，维护网络系统的硬件、软件以及网络系统中的数据越发显得重要。同时，信息安全技术作为合理、安全地使用信息资源的有效手段，正受到世界各国的广泛重视。世界上经济越发达、综合国力越强的国家对信息安全技术越重视。计算机作为采集、加工、存储、传输、检索及共享等信息处理的重要工具，被广泛应用于信息社会的各个领域。因此，计算机网络与信息安全显得尤为重要。

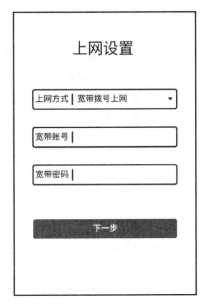

图 5 –41　上网方式设定界面

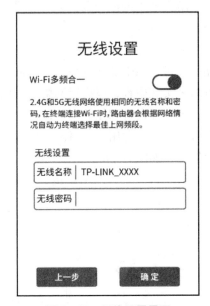

图 5 –42　无线设置界面

5.5.1　网络安全概述

网络安全是指网络系统的硬件、软件及其系统中的数据受到保护，不因偶然的或者恶意的原因而遭受到破坏、更改、泄露，系统连续可靠正常地运行，网络服务不中断。网络安全主要特性有保密性、完整性、可用性、可控性和可审查性。网络安全体系主要包括访问控制、检查安全漏洞、攻击监控、加密通信、认证加密以及备份和恢复，具体如下：

（1）访问控制主要实现控制特定网段的访问和服务的建立，将绝大多数攻击阻止在到达攻击目标之前。

（2）检查安全漏洞，则是通过对安全漏洞的周期检查，即使攻击可到达攻击目标，也可使绝大多数攻击无效。

（3）攻击监控，要通过对特定网段、服务建立的攻击监控体系，可实时检测出绝大多数攻击，并采取相应的行动（如断开网络连接、记录攻击过程、跟踪攻击源等）。

（4）加密通信，也就是主动的加密通信，可使攻击者不能了解、修改敏感信息。

（5）认证加密，建立良好的认证体系可防止攻击者假冒合法用户，如校园的 AAA 登录认证。

（6）最后建立良好的备份和恢复机制，即使当攻击造成损失时，也可尽快地恢复数据和系统服务。

5.5.2　防火墙技术

使用广泛的网络安全技术是防火墙（Firewall）技术，即在互联网和内部网络（Internal Network）之间设置一个网络安全系统。

在古代，人们在木质结构房屋之间用坚固的石块堆砌一道墙作为屏障，当火灾发生时可以防止火灾的蔓延，从而达到保护自己的目的，这道墙被称为防火墙。在当今的电子信息世界里，人们借助这个概念，使用防火墙来保护计算机网络免受非授权人员的骚扰与黑客的入侵。防火墙是由先进的计算机系统构成的。

1. 防火墙的定义

防火墙是一种特殊网络互联设备，用来加强网络之间访问控制，对两个或多个网络之间的连接方式按照一定的安全策略来实施检查，以决定网络之间的通信是否被允许，并监视网络运行状态。通常，防火墙由一组硬件设备和相关的软件构成。硬件可能是一台路由器或一台普通计算机，更多的情况下可能是一台专用计算机。这台计算机控制受保护区域访问者的出入，为墙内的部门提供安全保障，如图 5-43 所示。当然，防火墙必须依靠在具体网络系统中实施安全控制策略的软件。这些软件具有网络连接、数据转发、数据分析、安全检查、数据过滤和操作记录等功能。

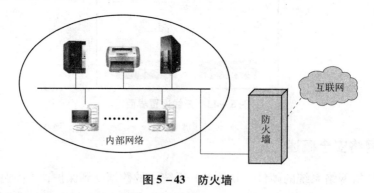

图 5-43　防火墙

2. 防火墙的作用

（1）能有效地记录互联网上的活动，并提供网络是否受到监测和攻击的详细信息。

（2）可以强化网络安全策略。

（3）防止内部信息的外泄。

（4）支持具有互联网服务特性的企业内部网络技术体系 VPN（虚拟专用网）。

（5）数据安全与用户认证、防止病毒与黑客侵入等。

3. 个人防火墙应用案例

用户为了保护自己的计算机，可以在计算机中安装杀毒软件和防火墙软件。通常设置防火墙的方法有两种：

1）使用 Windows 10 操作系统自带的 Windows Defender 防火墙

Windows Defender 防火墙可以阻止未授权用户通过互联网或其他网络访问用户的计算机，或者阻止用户计算机访问互联网。可以为用户的计算机提供一定的安全保护。

在安装 Windows 10 操作系统时，系统会按照默认值设置好 Windows Defender 防火墙；用户安装应用软件时，系统会提示用户，并根据用户的回答进行设置。

单击"开始"→"控制面板"→"系统和安全"→"Windows Defender 防火墙"，出现如图 5 – 44 所示的窗口。

图 5 – 44　Windows Defender 防火墙

通过在以上对话框左上部分的"启用或关闭 Windows Defender 防火墙"可以对防火墙进行控制。由图 5 – 44 也可以看出 Windows Defender 防火墙可分别对"专用网络"和"来宾或公用网络"进行设置。图 5 – 44 中两个类型的网络连接均已启用防火墙。用户可以单击"允许应用或功能通过 Windows Defender 防火墙"，根据需要决定允许哪些应用或功能通过防火墙。

若要将 Windows 防火墙设置恢复为系统默认值，则在以上对话框左侧单击"还原默认值"。

2）使用第三方的安全软件

在开启 Windows 防火墙的同时，还可以再使用某种专用的防火墙软件来保护计算机，如 360、火绒等。用户在安装 360 安全卫士时，集成在 360 安全卫士中的 360 木马防火墙会根据计算机的联网情况自动设置好防火墙。启动 Windows 时，360 木马防火墙也会启动，对计算机进行安全保护。

鼠标右键双击任务栏上"360 安全卫士"图标，选择进入"木马防火墙"，出现如图 5 – 45 所示的窗口，显示 360 木马防火墙的工作状态。用户可根据需要单击"设置""入口防御"等按钮，分别进行相关设置。

图5－45　360木马防火墙

5.5.3　信息时代的信息安全

信息安全是指信息系统（包括硬件、软件、数据、人、物理环境及其基础设施）受到保护，不受偶然的或者恶意的原因而遭到破坏、更改、泄露，系统连续可靠正常地运行，信息服务不中断，最终实现业务连续性。计算机信息安全技术分两个层次，第一层次为计算机系统安全，第二层次为计算机数据安全。针对两个不同层次，可以采取相应的安全技术。

1. 系统安全技术

系统安全技术可分成物理安全技术和网络安全技术两个部分。物理安全是计算机信息安全的重要组成部分。物理安全技术研究影响系统保密性、完整性、可用性的外部因素和应采取的防护措施。

通常采取的措施有：①减少自然灾害（如火灾、水灾、地震等）对计算机硬件及软件资源的破坏。②减少外界环境（如温度、湿度、灰尘、供电系统、外界强电磁干扰等）对计算机系统运行可靠性造成的不良影响。③减少计算机系统电磁辐射造成的信息泄露。④减少非授权用户对计算机系统的访问和使用等。

2. 数据安全技术

由于计算机系统的脆弱性及系统安全技术的局限性，要彻底消除信息被窃取、丢失或其他有关影响数据安全的隐患，还需要寻找一种保证计算机信息系统的数据安全技术。对数据进行加密，即所谓密码技术，正是这种保证数据安全行之有效的方法。在计算机信息安全中，密码学主要用于数据加密。在计算机网络内部及各网络间通信过程中，为了通信保密，可采用密码编码技术。

1）加密和解密

（1）加密就是指对数据进行编码，使其看起来毫无意义，同时，仍保持其可恢复的形态。

①加密算法：在加密过程中使用的规则或者数学函数。

②密钥：在加密过程中使用的加密参数。

③密文：加密后的数据。

④明文：加密前的数据。

如果密文被别人窃取了，因为窃取者没有密钥而无法将之还原成原始未经加密的数据，无法识别，从而保证了数据的安全。接收方因为有正确的密钥，因此可以将密文还原成正确的明文。可以说，加密技术是计算机通信网络最有效的安全技术之一。

（2）加密的逆过程称为解密。解密就是从密文恢复为明文的过程。

要对一段加密的信息进行解密，需要具备两个条件：一个是需要知道解密规则或者解密算法，另一个是需要知道解密的密钥。加密和解密的过程如图 5-46 所示。

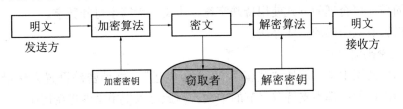

图 5-46　加密和解密的过程

2）加密算法

按收发双方密钥是否相同来分类，加密算法分为两类：对称加密算法和非对称加密算法。

（1）对称加密算法。

在对称加密算法体制中，发送方和接收方使用相同的密钥，如图 5-47 所示，即对信息的加密密钥和解密密钥都是相同的，也就是说一把钥匙开一把锁。

对称加密体制不仅可用于数据加密，也可用于消息认证。使用最广泛的是 1977 年美国国家标准局颁布的由 IBM 公司提出的美国数据加密标准（Data Encryption Standard，DES）。

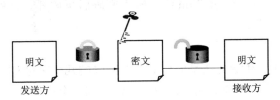

图 5-47　对称加密算法示意

（2）非对称加密算法。

在非对称加密算法中，发送方和接收方使用的密钥各不相同，如图 5-48 所示，而且几乎不可能从公开密钥（加密密钥）推导出私有密钥（解密密钥）。公开密钥用于加密，私有密钥用于解密，公开密钥公之于众，谁都可以用，私有密钥只有解密人自己知道。

非对称加密方式可以使通信双方无须事先交换密钥就可以建立安全通信，其广泛应用于身份认证、数字签名等信息交换领域。

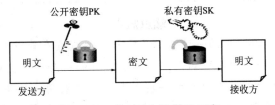

图 5-48　非对称加密算法示意

迄今为止的所有公钥密码体系中，RSA 系统是最著名、使用最广泛的一种。它是由美国麻省理工学院的三位年轻博士（Ronald. L. Rivest、Adi Shamir 和 Leonard Adleman）于 1977 年提出的，故取名为 RSA。

3）密码的使用和设置方法

这里的"密码"是指用户的口令（Password）。以下是创建有效密码的一些常用规则：

有效密码不能太短，应有一定的长度，但又不能太长，以免记不住。如密码只有三个字符则太过于简单。以合理的方式使用特殊字符、中文、大写字母和数字。

以下是设置有效密码的具体办法：

（1）中文密码混合法。

可在密码中使用中文。例如"我赢了 2008 年奥运"。这种密码设置方法最有利之处在于目前国外的破译程序都不支持双字节的中文，因此可以把中文混进密码中，以增加破译的难度。例如，GOODboy 哈有［6667］。

（2）使用特殊键和特殊字符。

例如，使用组合键"Ctrl + H"在密码前面加一个控制符。这种方法是很复杂的，一般很难破译。使用像"#"或"%"这样的特殊字符也会增加密码的复杂性。采用"money"一词，在它后面添加#（money#），这就是一个相当有效的密码。可以用数字或符号替换单词。例如，假设"＄"符号相当于"money"一词，那么，可以将"＄"代替 money，生成密码"Ilove ＄"。这是一个容易记忆却又难以破译的密码。

（3）使用复合键。

复合键是指常用的三个键："Shift""Ctrl"和"Alt"。在设置密码时，当输入一定位数时，用手指按着其中一个键，例如"Shift"，输入密码后再放开。这种办法有一个好处，就是按下的复合键不容易被发现。

（4）间隔法。

例如，! Q1E9T9U9O，生成方法是取键盘上的间隔的几个字母 QETUO，再将有序的数字1999 拆开逐个插入，最后再在前面或者任何一个地方加一个符号。

5.5.4　计算机病毒与防治

在网络日益发达的今天，计算机病毒的蔓延、威胁和破坏能力与日俱增，所以了解进而防范计算机病毒尤为重要。根据《中华人民共和国计算机信息系统安全保护条例》，病毒（Computer Virus）的明确定义是"编制或者在计算机程序中插入的破坏计算机功能或者破坏数据，影响计算机使用，并且能够自我复制的一组计算机指令或者程序代码"。下面是计算机病毒的两个例子。

蠕虫病毒

蠕虫（Worm）是病毒中的一种，但是它与普通病毒有着很大的区别。一般认为蠕虫是一种通过网络传播的恶性病毒，它具有病毒的一些共性，如传播性、隐蔽性、破坏性等。同时，蠕虫也具有自己的一些特征，如不利用文件寄生（有的只存在于内存中），对网络造成拒绝服务以及和黑客技术相结合，等等。蠕虫病毒的传染目标是互联网内的所有计算机。电子邮件、网络中的恶意网页、大量存在着漏洞的服务器、局域网条件下的共享文件夹等，都是蠕虫传播的良好途径。蠕虫病毒可以在几个小时内

蔓延全球，而且蠕虫的主动攻击性和突然爆发性会使人们束手无措。典型的蠕虫病毒有红色代码、尼姆达、SQL SLAMMER、冲击波、威金、Sasser、Blaster、爱虫病毒、求职信病毒、iPhone 蠕虫病毒等。

特洛伊木马病毒

所谓特洛伊木马，是指那些表面上是有用的软件，实际却是危害计算机安全并导致严重破坏的计算机程序。它是具有欺骗性的文件，是一种基于远程控制的黑客工具，具有隐蔽性和非授权性的特点。木马主要以窃取用户相关信息为主要目的。一旦中了木马，用户的系统可能就会门户大开，毫无秘密可言。特洛伊木马与其他病毒的重大区别是不具有传染性，它并不能像病毒那样复制自身，也并不"刻意"地去感染其他文件，它主要通过将自身伪装起来，吸引用户下载执行。典型的特洛伊木马有灰鸽子（Hack.Huigezi）、网银大盗、犇牛、机器狗、扫荡波、磁碟机等。

1. 计算机病毒的特点

当前流行的计算机病毒主要由三个模块构成：病毒安装模块（提供潜伏机制）、病毒传染模块（提供再生机制）和病毒激发模块（提供激发机制）。病毒程序的构成决定了病毒的特点。

计算机病毒的特点主要有：

1）传染性

传染性是计算机病毒的重要特性。计算机系统一旦接触病毒就可能被传染。用户使用带病毒的计算机上网操作时，网络中的计算机均有可能被传染病毒，且病毒传播速度极快。

2）隐蔽性

计算机病毒在发作前，一般隐藏在内存（动态）或外存（静态）中，难以被发现，表现出隐蔽性较强的特性。

3）潜伏性

一些编制巧妙的病毒程序，可以在合法文件或系统备份设备内潜伏一段时间而不被发现。在此期间，病毒实际上已经逐渐繁殖增生，并通过备份和副本传染到其他系统上。

4）可激发性

在一定的条件下，可使病毒程序激活。根据病毒程序制作者的设定，某个时间或日期、特定的用户标识符的出现、特定文件的出现或使用、用户的安全保密等级或者一个文件使用的次数等，都可使病毒被激活并发起攻击。

5）破坏性

计算机病毒的主要目的是破坏计算机系统，使系统资源受到损失、数据遭到破坏、计算机运行受到干扰，严重时甚至会使计算机系统瘫痪，造成严重的后果。

2. 计算机病毒的分类

1）按破坏性划分

良性病毒：此类病毒不直接破坏计算机的软、硬件，对源程序不做修改，一般只是进入内存，侵占一部分内存空间。病毒除了传染时减少磁盘的可用空间和消耗 CPU 资源之外，对系统的危害较小。

恶性病毒：这类病毒可以封锁、干扰和中断输入、输出，甚至中止计算机运行。这类病毒给计算机系统造成严重的危害。

极恶性病毒：可以造成系统死机、崩溃，可以删除普通程序或系统文件并且破坏系统配置，导致系统无法重启。

灾难性病毒：这类病毒破坏分区表信息和主引导信息，删除数据文件，甚至破坏CMOS、格式化硬盘等。这类病毒会引起无法预料的、灾难性的破坏。

2）按传染方式划分

引导型病毒：此类病毒攻击目标首先是引导扇区，它将引导代码链接或隐藏在正常的代码中。每次启动时，病毒代码首先执行，获得系统的控制权。由于引导扇区的空间太小，病毒的其余部分常驻留在其他扇区，并将这些空间标识为坏扇区。待初始引导完成后，跳到另外的驻留区继续执行。

文件型病毒：此类病毒一般只传染磁盘上的可执行文件（.com和.exe）。当用户调用染毒的可执行文件时，病毒首先被运行，然后病毒体驻留内存并伺机传染其他文件或直接传染其他文件。其特点是附着于正常程序文件中，成为程序文件的一个外壳或部件。例如，CIH病毒就是一种文件型病毒，千面人病毒（Polymorphic /Mutation Virus）是一种高级的文件型病毒。

混合型病毒：这类病毒兼有以上两种病毒的特点，既感染引导区又感染文件。

3. 计算机病毒的防治

1）计算机病毒的传染途径

（1）通过网络传染。

这是最普遍的传染途径。一方面，用户使用带有病毒的计算机上网，使网络染上病毒，并传染到其他网络用户；另一方面，网络用户上网时计算机被感染病毒。

（2）通过光盘和U盘传染。

当使用带病毒的光盘和U盘运行时，首先机器（如硬盘及内存）被感染病毒，并传染给未被感染的U盘。如果这些染上病毒的光盘和U盘在别的计算机上使用，就会造成病毒扩散。

（3）通过硬盘传染。

例如，机器维修时装上本身带病毒的硬盘或使用带有病毒的移动硬盘。

（4）通过点对点通信系统和无线通道传播。

据报道，近期在中国Android市场中又发现一种新的病毒，这款被称为短信僵尸病毒（Trojan SMSZombie）的恶意应用能进行大量涉及支付的恶意操作，对Android智能手机用户来说具有极大威胁。"短信僵尸病毒"对于网银的攻击方式不是直接攻击网银系统，而是间接攻击，当病毒拦截到含有"转、卡号、姓名、行、元、汇、款"等内容的短信时，就会删除这条短信，并把原短信中的收款人账号改成病毒作者的，再将伪造过的短信发到中毒手机。另外，短信僵尸病毒还具有后门程序的功能，可通过更新指令篡改短信内容，从而使病毒的危险性倍增。

2）计算机病毒的症状

（1）异常要求用户输入口令。

（2）系统启动异常或者无法启动。

（3）机器运行速度明显减慢。

（4）频繁访问硬盘，其特征是主机上的硬盘指示灯快速闪烁。

（5）经常出现意外死机或重新启动现象。

（6）文件被意外删除或文件内容被篡改。

（7）发现不知来源的隐藏文件。

（8）计算机上的软件突然运行。

（9）文件的大小发生变化。

（10）突然弹出不正常消息提示框或者图片。

（11）不时播放不正常声音或者音乐。

（12）邮箱里包含有许多没有发送者地址或者没有主题的邮件。

（13）磁盘卷标被改写。

3）防范计算机病毒的措施

（1）及时安装系统补丁。

操作系统厂商会不定期推出系统补丁，增强系统功能，弥补安全漏洞，用户需及时安装这些补丁，保障系统安全。

（2）安装杀毒软件。

网络蠕虫病毒的发展已经使传统的杀毒软件的"文件级实时监控系统"落伍，杀毒软件必须向内存实时监控和邮件实时监控发展。另外，面对防不胜防的网页病毒，也使用户对杀毒软件的要求越来越高。

（3）经常升级病毒库。

杀毒软件对病毒的查杀是以病毒的特征码为依据的，而病毒每天都层出不穷。尤其是在网络时代，蠕虫病毒的传播速度快、变种多，所以必须随时更新病毒库，以便能够查杀最新的病毒。

（4）提高防毒意识。

不要轻易单击陌生的站点，有可能里面就含有恶意代码。运行 IE 时，单击"工具"→"Internet 选项"→"安全"→"Internet 区域的安全级别"，把安全级别由"中"改为"高"。因为这一类网页主要是含有恶意代码的 ActiveX 或 Applet、JavaScript 的网页文件，所以在 IE 设置中将 ActiveX 插件和控件、Java 脚本等全部禁止，就可以大大减少被网页恶意代码感染的概率。具体方案是：在 IE 窗口中单击"工具"→"Internet 选项"，在弹出的对话框中选择"安全"标签，再单击"自定义级别"按钮，就会弹出"安全设置"对话框，把其中所有 ActiveX 插件和控件以及与 Java 相关全部选项选择"禁用"。这样做在以后的网页浏览过程中有可能会导致一些正常应用 ActiveX 的网站无法浏览。

（5）不随意查看陌生邮件，尤其是带有附件的邮件。

病毒邮件中往往包含有恶意代码，打开邮件时会自动执行，从而达到传播病毒的目的。

习题

1. 请根据自己学校的实际情况绘制出本校的网络拓扑图。

2. 请简述一个小办公室组网的具体方案。

3. IPv6 和 IPv4 相比，有何优势？

4. 请简述无线局域网 802.11 协议族的发展历程。

5. 请简述 DNS 服务器的作用。

6. 请简述常用的互联网服务。

7. 请列举出百度搜索常用技巧中的三种。

8. 防范计算机病毒有哪些措施？

第6章 数据处理技术

数据处理是对输入的各种类型数据进行加工整理，从原始数据中抽取出有价值的信息，其过程包括对数据的收集、加工、分类、存储、统计、分析、转换、检索等。

6.1 大数据概述

6.1.1 大数据的概念

维基百科对大数据的定义如下：大数据是指利用常用软件工具捕获、管理和处理数据所耗时间超过可容忍时间的数据集。即大数据是一个体量特别大，数据类别特别多的数据集，并且这样的数据集无法用传统数据库工具对其内容进行抓取、管理和处理。

大数据的特征（4V）如下：

（1）数据量大（Volume）：数据体量巨大，起始单位是 PB 级的。

数据存储的最小的基本单位是 bit，按从小到大的顺序，这些计量单位可排列为：bit、Byte、KB、MB、GB、TB、PB、EB、ZB、YB、BB、NB、DB。

按照进率 1024（2 的十次方）来计算：

1Byte = 8bit	1KB = 1 024Byte	1MB = 1 024KB	1GB = 1 024MB
1TB = 1 024GB	1PB = 1 024TB	1EB = 1 024PB	1ZB = 1 024EB 1YB = 1 024ZB
1BB = 1 024YB	1NB = 1 024BB	1DB = 1 024NB	

（2）数据类型多（Variety）：结构化数据仅占约 20%，非结构化数据约占 80%，包括日志、音频、视频、图片、地理位置、邮件等数据类型。

（3）处理速度快，时效性要求高（Velocity）：大数据的产生非常迅速，主要通过互联网传输。大数据对处理速度有非常高的要求，大数据往往需要在秒级时间范围内从各种类型的数据中获得高价值的信息，这一点和传统的数据挖掘技术有着本质的不同。

（4）价值（Value）：是大数据的核心特征。现实世界所产生的大数据虽然大，有价值的数据所占比例很小，价值密度低。如一个小区中安装的摄像头，其采集的录像信息 99.99% 都是无价值的。商业价值高，只要合理利用数据并对其进行准确的分析，将会为用户带来很高的价值回报。

6.1.2 大数据的发展

大数据主要经历了几个发展阶段，见表 6-1。

表 6-1 大数据发展阶段

萌芽阶段	20 世纪 90 年代到 21 世纪初，随着数据库技术和数据挖掘理论的成熟，商业智能工具和知识管理技术开始被应用，如数据仓库、专家系统、知识管理系统等，此阶段也称数据挖掘阶段
成熟阶段	21 世纪前 10 年，Web 2.0 应用迅猛发展，非结构化数据大量产生，传统处理方法难以应对，带动了大数据技术的快速突破，大数据解决方案逐渐走向成熟，形成了并行计算与分布式系统两大核心技术，谷歌的 GFD 和 MapReduce 等大数据技术受到追捧，Hadoop 平台开始大行其道
大规模应用阶段	2010 年以后，大数据技术开始在商业、科技、医疗、政府、教育、经济、交通、物流及社会的各个领域渗透应用

6.1.3 大数据相关技术

1. 采集与预处理

利用 ETL（Extract-Transform-Load）工具将分布的、异构数据源中的数据，如关系数据、平面数据文件等，抽取到临时中间层后进行清洗、转换、集成，最后加载到数据仓库或数据集市中，成为联机分析处理、数据挖掘的基础；或者把实时采集的数据作为流计算系统的输入，进行实时处理、分析。

2. 存储和管理

利用分布式文件系统、数据仓库、关系数据库、NoSQL 数据库、云数据库等，实现结构化、半结构化和非结构化海量数据的存储和管理。

面临的问题：数据量大、类型复杂（结构化、半结构化、非结构化）。

涉及的关键技术：

（1）分布式文件系统的相关技术：高效元数据管理技术、系统弹性扩展技术、存储层级内的优化、针对应用和负载的存储优化技术、针对存储器件的优化技术。

（2）分布式数据库，事务型数据库技术：NoSQL，代表产品有 BigTable、HBase、MongoDB、Dynamo；分析型数据库技术：Hive、Impala。

（3）大数据索引和查询技术。

（4）实时流式大数据存储与处理技术。

3. 处理与分析

利用分布式并行编程模型和计算框架，结合机器学习和数据挖掘算法，实现对海量数据的处理和分析；对分析结果进行可视化呈现，帮助人们更好地理解数据、分析数据。

面临的问题：数据结构特征、并行计算、数据获取（批处理/流处理）、数据处理类型、实时响应性能、迭代计算、数据关联性。

涉及的关键技术：

（1）大数据查询分析计算模式与技术：HBase、Hive、Cassandra、Impala。

（2）批处理计算：Hadoop MapReduce、Spark。

（3）流式计算：Storm、Spark Steaming。

（4）图计算：Giraph、GraphX。

（5）内存计算：Spark、Hana、Dremel。

4. 数据安全

构建隐私数据保护体系和数据安全体系，有效保护个人隐私和数据安全。

6.1.4 大数据的应用领域

大数据技术逐渐成熟，已经在诸多领域得到了广泛应用。

1. 电商领域

电商是最早利用大数据进行精准营销的行业，可以依据客户消费习惯提前为客户备货，可以利用其交易数据和现金流数据，为其生态圈内的商户提供基于现金流的小额贷款，也可以将此数据提供给银行，与银行合作，为中小企业提供信贷支持。由于电商的数据较为集中，数据量足够大，数据种类较多，因此，其应用还会有更广阔的想象空间，包括预测流行趋势、消费趋势、地域消费特点、客户消费习惯、各种消费行为的相关度、消费热点、影响消费的重要因素等。依托大数据分析，电商的消费报告将有利于品牌公司产品设计，生产企业的库存管理和计划生产，物流企业的资源配置，生产资料提供方产能安排，等等，有利于精细化社会化大生产，有利于精细化社会的出现。

2. 政府领域

"智慧城市"已经在多地尝试运营，通过大数据，政府部门得以感知社会的发展变化需求，从而更加科学化、精准化、合理化地为市民提供相应的公共服务以及资源配置。

3. 医疗领域

医疗行业是让大数据分析最先发扬光大的传统行业之一。医疗行业拥有大量的病例、病理报告、治愈方案、药物报告等。借助于大数据平台我们可以收集不同病例和治疗方案，以及病人的基本特征，可以建立针对疾病特点的数据库。可以根据病人的基因序列特点进行分类，建立医疗行业的病人分类数据库。在医生诊断病人时可以参考病人的疾病特征、化验报告和检测报告，参考疾病数据库来快速帮助病人确诊，明确定位疾病。在制定治疗方案时，医生可以依据病人的基因特点，调取相似基因、年龄、人种、身体情况相同的有效治疗方案，制定出适合病人的治疗方案，帮助更多人及时进行治疗。同时，这些数据也有利于医药行业开发出更加有效的药物和医疗器械。

4. 传媒领域

传媒相关企业通过收集各式各样的信息，进行分类筛选、清洗和深度加工，实现对用户需求的准确定位和把握，并追踪用户的浏览习惯，不断进行信息优化。

5. 安防领域

安防行业可实现视频图像模糊查询、快速检索、精准定位，并能够进一步挖掘海量视频监控数据背后的价值信息，反馈内涵知识辅助决策判断。

6. 金融领域

大数据在金融行业应用范围较广，典型的案例有花旗银行利用 IBM 公司生产的"沃森"超级电脑为财富管理客户推荐产品；美国银行利用点击数据集为客户提供特色服务，如有竞争的信用额度；招商银行利用客户刷卡、存取款、电子银行转账、微信评论等行为数据进行分析，每周给客户发送有针对性的广告信息，里面有客户可能感兴趣的产品和优惠信息。

7. 电信领域

电信行业拥有庞大的数据，大数据技术可以应用于网络管理、客户关系管理、企业运营管理等，并且使数据对外商业化，实现单独盈利。

8. 教育领域

信息技术已在教育领域有了越来越广泛的应用。考试、课堂、师生互动、校园设备使用、家校关系，各个环节都被数据包裹。在课堂上，数据不仅可以帮助改善教育教学，在重大教育决策制定和教育改革方面，大数据更有用武之地。大数据还可以帮助家长和教师甄别出学生的学习差距和有效的学习方法。在国内尤其是北京、上海、广州等城市，大数据在教育领域已有了非常多的应用，如慕课、在线课程、翻转课堂等，其中就应用了大量的大数据工具。将来，无论是教育管理部门，还是教师、学生和家长，都可以得到针对不同应用的个性化分析报告。另外，通过大数据的分析可以优化教育机制，也可以做出更科学的决策，这将带来潜在的教育革命。不久的将来，在个性化学习终端中会更多地融入学习资源云平台，根据每个学生的不同兴趣爱好和特长，推送相关领域的前沿技术、资讯、资源乃至未来职业发展方向等，并贯穿每个人终身学习的全过程。

9. 交通领域

目前，交通的大数据应用主要在两个方面，一方面，可以利用大数据传感器数据来了解车辆通行密度，合理进行道路规划（包括单行线路规划）；另一方面，可以利用大数据来实现即时信号灯调度，提高已有线路运行能力。机场的航班起降依靠大数据将会提高航班管理的效率，航空公司利用大数据可以提高上座率，降低运行成本。铁路利用大数据可以有效安排客运和货运列车，提高效率、降低成本。

10. 舆情监控

国家正在将大数据技术用于舆情监控，其收集到的数据除了解民众诉求、降低群体事件之外，还可以用于犯罪管理。大量的社会行为正逐步走向互联网，人们更愿意借助互联网平台来表述想法和宣泄情绪。社交媒体和朋友圈正成为追踪人们社会行为的平台，正能量的东西有，负能量的东西也不少。一些好心人通过微博来帮助别人寻找走失的亲人或提供可能被拐卖人口的信息，这些都是社会群体互助的例子。国家可以利用社交媒体分享的图片和交流信息，收集个体情绪信息，预防个体犯罪行为和反社会行为。

6.2 Python 基础

6.2.1 Python 的发展

Python 诞生于 20 世纪 90 年代初，创始人为荷兰人 Guido van Rossum，如图 6－1 所示。Python 是蟒蛇的意思，但 Guido 起这个名字完全和蟒蛇没有关系。当实现 Python 时，Guido 还阅读了 Monty Python's Flying Circus 的剧本，这是一部来自 20 世纪 70 年代的 BBC（英国广播公司）喜剧。Guido 认为他需要一个简短、独特且略显神秘的名字，因此他决定将该语言称为 Python。Guido 希望有一种语言能够像 C 语言一样全面调用计算机的功能接口，又可以像 Shell 一样轻松编程，ABC 语言让 Guido 看到了希望，他参与了 ABC 语言的开发，尽管 ABC 语言具备了良好的可读性和易用性，但存在输入/输出困难、对计算机配置要求高等问题，难于流行起来。因此，在 1989 年圣诞节期间，Guido 开始写 Python 的第一个版本，既作为 ABC 语言的一种继承，同时，兼具功能全面、易学易用、可扩展性强的特点。就这样，Python 在 Guido 手中诞生了。1991 年，第一个 Python 编译器诞生，该编译器是由 C 语言实现的。Python 很多语法来自 C 语言，也深受 ABC 语言的影响。最初 Python 完全由 Guido 本人开发，后来逐步受到他的同事们的欢迎，他们迅速反馈并参与改进。Guido 和这些同事形成了 Python 的核心团队。

图 6 - 1　Python 创始人 Guido van Rossum

Python 1.0 版本于 1994 年 1 月发布，这个版本的功能比较简单。Python 2.0 版本于 2000 年 10 月发布，这个版本尤为重要的变化是开发流程的改变，Python 有了一个更透明的社区。Python 3.0 于 2008 年的 12 月发布。Python 3.x 不向前兼容 Python 2.x，Python 3.x 可能无法运行 Python 2.x 的代码。

由于具有简洁性、易读性以及可扩展性，Python 逐步开始流行起来。从 2018 年开始，Python 进入 TIOBE 编程语言排行榜并居于前三名，如图 6 - 2 所示。目前 Python 在大学最常教学的编程语言中排名第一，在统计领域排名第一，在人工智能编程领域排名第一，在脚本编写方面排名第一，在系统测试方面排名第一。此外，Python 还在 Web 编程和科学计算方面处于领先地位。

6.2.2　Python 的特点与应用

Python 是一种解释型的、面向对象的、具有动态语言的高级程序设计语言。它的设计哲学是"优雅""明确""简单"。

Python 的特点：

（1）简单、易学：关键字少、代码简单易读，入门容易，也容易深入编写复杂的程序。

（2）免费、开源：Python 是 FLOSS（自由/开放源码软件）之一。用户可以自由地发布这个软件的复制、阅读它的源代码、对它做改动、把它的一部分用于新的软件中。

（3）可移植：Python 能运行在不同的平台上。包括 Unix/Linux、Windows、Mac 等。

（4）丰富的库：Python 除了拥有庞大标准库以外，还有许多功能丰富的第三方库。

（5）可扩展：可以通过 C、C++ 语言为 Python 编写扩充模块。

（6）面向对象：Python 既支持面向过程，也支持面向对象。支持继承、重载、派生、

Dec 2020	Dec 2019	Change	Programming Language	Ratings	Change
1	2	∧	C	16.48%	+0.40%
2	1	∨	Java	12.53%	-4.72%
3	3		Python	12.21%	+1.90%
4	4		C++	6.91%	+0.71%
5	5		C#	4.20%	-0.60%
6	6		Visual Basic	3.92%	-0.83%
7	7		JavaScript	2.35%	+0.26%
8	8		PHP	2.12%	+0.07%
9	16	∧∧	R	1.60%	+0.60%
10	9	∨	SQL	1.53%	-0.31%
11	22	∧∧	Groovy	1.53%	+0.69%
12	14	∧	Assembly language	1.35%	+0.28%
13	10	∨	Swift	1.22%	-0.27%
14	20	∧∧	Perl	1.20%	+0.30%
15	11	∨∨	Ruby	1.16%	-0.15%
16	15		Go	1.14%	+0.15%
17	17		MATLAB	1.10%	+0.12%
18	12	∨∨	Delphi/Object Pascal	0.87%	-0.41%
19	13	∨∨	Objective-C	0.81%	-0.39%
20	24	∧∧	PL/SQL	0.78%	+0.04%

图 6-2 TIOBE 编程语言排行榜

多继承，支持重载运算符和动态类型。

（7）可嵌入性：可以把 Python 嵌入 C/C++ 程序，为其提供脚本功能。

（8）Python 的运用领域广泛：可运用于数据分析、科学计算、人工智能、机器学习、Web 开发、GUI 开发、Linux 系统管理等。

Python 的典型运用如下：

（1）Google：谷歌应用程序引擎、爬虫、广告和其他项目广泛使用 Python。

（2）FaceBook：大量的基本库是通过 Python 实现的。

（3）YouTube：这个世界上最大的视频网站就是用 Python 开发的。

（4）CIA：美国中情局网站是用 Python 开发的。

（5）NASA：美国航天局广泛使用 Python 进行数据分析和计算。

（6）Dropbox：美国最大的在线云存储网站，全部用 Python 实现，每天处理 10 亿的文件上传和下载。

（7）Red：世界上最流行的 Linux 系统发行版中的 Yum 包管理工具是用 Python 开发的。

除此之外，还有腾讯、百度、阿里、新浪等公司正在使用 Python 来完成各种任务。

6.2.3 Python 的学习

（1）基础学习：Python 的入门阶段，掌握 Python 基本语法规则及变量、逻辑控制、内置数据结构、文件操作、高级函数、模块、常用标准库模块、函数、异常处理、面向对象、数据库编程等知识，具备基础的编程能力。

（2）进阶学习：学习 Web 前端技术内容、Web 后端框架：Flask、Django；学习数据分析+人工智能的技术：数据抓取、数据提取、数据存储、爬虫并发、动态网页抓取、Scrapy 框架、分布式爬虫、爬虫攻防、数据结构、算法等知识；区块链等专项开发技术。

目前，Python 的网络学习资料非常丰富。

https：//www. python. org/

http：//www. pythondoc. com/

https：//github. com/jobbole/awesome – python – cn

在开始学习 Python 之前，用户需要安装 Python 编程环境，这样才可以编写并运行 Python 代码。编程环境搭建包括 Python 解释器安装和常见 IDE（集成开发环境）的使用。

Python 3. x 是一次重大升级，为了避免引入历史包袱，Python 3. x 没有考虑与 Python 2. x 的兼容性，这导致很多已有的 Python 2. x 项目无法顺利升级 Python 3. x，只能继续使用 Python 2. x，而大部分刚刚起步的新项目又使用了 Python 3. x，所以目前官方还在维护这两个版本的 Python。建议初学者直接使用 Python 3. x。目前（截至2020 年 2 月 22 日），Python 的最新版本是 Python 3. 9. x。

Python 安装包下载地址：https：//www. python. org/downloads/。

在 Windows 上安装 Python 和安装普通软件一样简单，下载安装包以后连续单击"下一步"即可。

集成开发环境（Integrated Development Environment，IDE）是用于提供程序开发环境的应用程序，一般包括代码编辑器、编译器、调试器和图形用户界面等工具。其集成了代码编写功能、分析功能、编译功能、调试功能等一体化的开发软件服务套。所有具备这一特性的软件或者软件套（组）都可以称为集成开发环境。

下面介绍 Python 常用的几个 IDE：

IDLE：集成开发与学习环境，一般安装 Python 时会默认安装 IDLE。主要功能包括 Python Shell 窗口（交互式解释器）、智能缩进、代码着色、自动提示、可以实现断点提示、单步执行等调试功能的基本集成调试器。IDLE 轻巧易用，方便学习。由于其功能不够强大，仅适合初学者，不适用于开发中大型项目。

Anaconda（推荐）：属于一站式服务软件包，里面集成了 Python 的运行环境，并集成了 180 多种库，包含 Numpy、Scipy、Pandas 等常见的科学计算包，非常适用开展数据分析。支持 Linux、Mac、Windows 系统，可以很方便地解决多版本 Python 并存、切换以及各种第三方包安装问题。安装 anaconda，就相当于安装了 Python、IPython、集成开发环境 Spyder，由于集成的功能多，使用方便。

PyCharm（推荐）：PyCharm 是由 JetBrains 打造的一款 Python IDE，带有一整套可以帮助用户在使用 Python 语言开发时提高其效率的工具，比如调试、语法高亮、Project 管理、代码跳转、智能提示、自动完成、单元测试、版本控制。此外，该 IDE 提供了一些高级功能，以用于支持 Django 框架下的专业 Web 开发。PyCharm 在编写和调试 Python 方面非常出色，软件使用简单，功能强大，是 Python 专业开发人员和刚起步人员使用的有力工具。该软件 Pro 版本为付费软件，社区版则可以免费使用。

6.2.4　初识 Python 程序

Python 程序一般由包（Package）、模块（Moudle）、函数（Function）、类等组成，如图 6 – 3 所示。

在 Python 中，每个以扩展名 . py 结尾的 Python 文件都是一个模块。模块是最高级别的程序组织单元。模块具有独立的命名空间，它将数据和程序逻辑封装起来以便重用。为了避

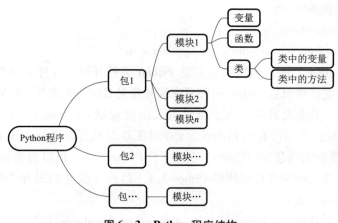

图 6-3 Python 程序结构

免模块名冲突，Python 又引入了按目录来组织模块的方法，将其称为包（Package）。模块是一些代码段的组合，可以包含有变量、函数、类等。模块可以通过导入（Import）操作加载另一个模块，模块内的情况以及其与其他模块的交互如图 6-4 所示。

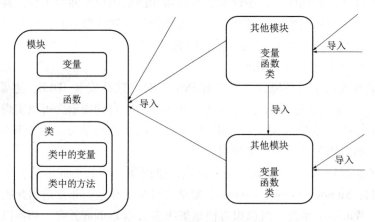

图 6-4 Python 内的情况及其与其他模块交互

在 Python 开发中，如果程序比较简单，可以使用一个或几个模块进行代码编写。若程序代码比较多，则建议使用分包、分模块进行代码的组织，以便于代码的维护、复用，很多编程语言都采用这种组织代码的方式。

示例 6-1：打印出所有的"水仙花数"，所谓"水仙花数"是指一个三位数，其各位数字立方和等于该数本身。例如，153 是一个"水仙花数"，因为 $153 = 1^3 + 5^3 + 3^3$。

for n in range (100，1000)：

i = n//100

j = n//10%10

k = n%10

if n = = i * i * i + j * j * j + k * k * k：

print（n）

运行程序结果如图 6-5 所示。

由以上例子可以看到，Python 语言通过缩进来组织代码块，使用注释#进行单行注释。

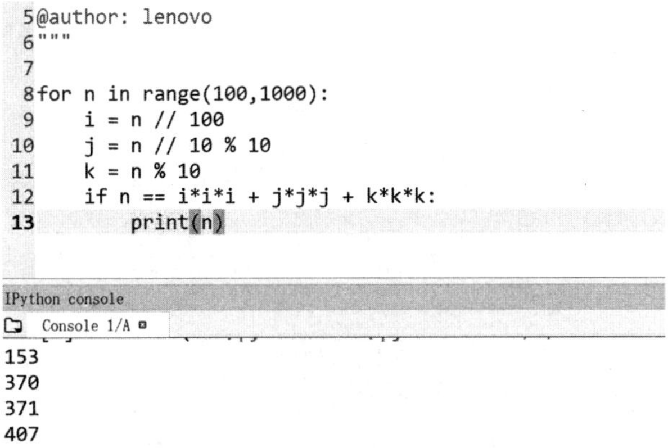

```
5@author: lenovo
6"""
7
8for n in range(100,1000):
9    i = n // 100
10    j = n // 10 % 10
11    k = n % 10
12    if n == i*i*i + j*j*j + k*k*k:
13        print(n)
```

```
IPython console
   Console 1/A □
153
370
371
407
```

图 6-5 示例 6-1 运行程序结果

Python 官方推荐的 PEP-8 代码风格, 其详细说明可参考: https: //www. python. org/dev/peps/pep -0008/。

6.3 数据获取

数据获取阶段的任务是从真实世界对象中获得原始数据, 由于数据采集后往往存在错误、冗余或缺失等问题, 为此, 常需要进行数据清洗。大数据领域中, 常见的数据采集方式包括传感器、日志文件和 Web 爬虫, 其中 Web 爬虫是最为热门的数据采集方式。

Python 提供了强大的网络爬虫相关库和框架, 例如 Requests、Scrapy、Flddler、Charles 等。本书仅以 Requests 为例演示 Python 的网络爬虫功能。

Requests 是用 Python 语言编写, 基于 Urllib 的 HTTP 库, 使用十分便捷, 是 Python 爬取网页数据最常用的库之一。在 Requests 中爬取数据常用的请求有以下几种:

(1) requests. get (url) //请求指定的页面信息源码中的数据。

(2) requests. post (url)

(3) requests. put (url)

示例 6-2: 使用 Get 方法爬取网页数据。

import requests

url = 'https: //www. nnnu. edu. cn/'

response = requests. get (url)

response. encoding = "utf -8"

print (response. text)

运行程序结果如图 6-6 所示。

Post 方法和 Put 方法的爬取实例与以上例子类似, 只需将 Get 方法替换即可, 这里就不过多说明了。

通过 Requests 库已经可以抓到网页源码, 接下来我们要从源码中找到并提取数据。BeautifulSoup 是一个 HTML/XML 解析库, 可以解析并修改 HTML 和 XML 文档, 一般大家使用该库进行网页源码的数据解析和抓取。目前 BeautifulSoup 已经包含在 bs4 库中, 导入

```
IPython console                                                    ⚙ ×
  Console 1/A ▣                                              ■ ✎ ⚙
<!-- columnA  S -->
<div id="columnA" class="column">
    <div class="areaL">

        <!-- 学校要闻 -->
        <div class="indBox" id="indXxyw">
            <div class="hd">
                <span class="moreList">
                    <a class="more" href="xwzx/xxyw.htm" target="_blank">更多&gt;&gt;</a>
                    <a class="more" href="xwzx/jcdt.htm" target="_blank">更多&gt;&gt;</a>
                    <a class="more" href="xwzx/mtbd.htm" target="_blank">更多&gt;&gt;</a>
                </span>
                <ul>
                    <li><a href="xwzx/xxyw.htm" target="_blank">学校要闻</a></li>
                    <li><a href="xwzx/jcdt.htm" target="_blank">基层动态</a></li>
                    <li><a href="xwzx/mtbd.htm" target="_blank">媒体报道</a></li>
                </ul>
            </div>
            <div class="bd" style="height:548px;">
                <ul class="topicList topicHasPic">
                    <script language="javascript" src="/system/resource/js/centerCutImg.js"></
script><script language="javascript" src="/system/resource/js/ajax.js"></script><li class="t">
<div class="pic"><a href="info/1091/21678.htm" target="_blank" title="自治区党委、宣传部部长范晓莉到
我校调研"><img src="/_local/5/43/F1/819F059698F0E5246515047BCC6_6238CB2B_14F3B.jpg"></a></div>
<div class="con"><div class="title"><a class="tit" href="info/1091/21678.htm" target="_blank"
title="自治区党委、宣传部部长范晓莉到我校调研">自治区党委、宣传部部长范晓莉到我校调研</a></div>
```

图6-6　示例6-2运行程序结果

BeautifulSoup 库时需要先安装 bs4 库方可使用。

使用 BeautifulSoup 库爬取南宁师范大学新闻网中的要闻标题和超链接。

首先打开目标网页，使用开发者模式找出新闻标题的定位路径。具体的操作方法为打开浏览器的开发者模式，选中新闻标题后使用鼠标右键审查元素（图6-7），观察新闻标题及超链接内容所在标签。在南宁师范大学新闻网中观察源代码可知，要闻标题和超链接均位于 a 标签中。

图6-7　审查元素

此时可以导入 requests 和 BeautifulSoup 库，进行数据爬取。

\#导入 requests 和 BeautifulSoup 库

import requests

from bs4 import BeautifulSoup

\#从 HTM 创建一个 BeautifulSoup 对象

url = "https：//www. nnnu. edu. cn/xwzx/xshd. htm"

res = requests. get（url）

res. encoding = 'utf-8'

soup = BeautifulSoup（res. text，"html. parser"）

\#抓取 a 标签中的数据

data = soup. select（'a'）

\#提取结果中的标题和链接

for items in data：

```
result = {
'title': items.get_text(),
'link': items.get('href')
}
print (result)
```

从图 6－8 中可以看出，得到的数据还需要进一步清洗和组织，才能达到良好的效果，为此，可以改进提取标题和链接部分的代码，对数据进行简单的清洗和提取（图 6－9）。

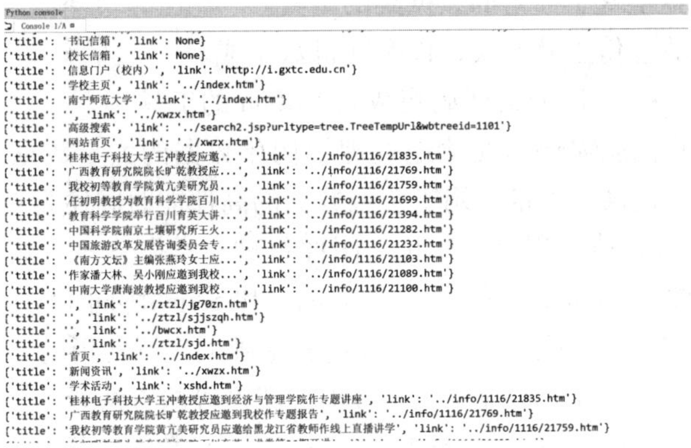

```
Python console
Console 1/A
{'title': '书记信箱', 'link': None}
{'title': '校长信箱', 'link': None}
{'title': '信息门户（校内）', 'link': 'http://i.gxtc.edu.cn'}
{'title': '学校主页', 'link': '../index.htm'}
{'title': '南宁师范大学', 'link': '../index.htm'}
{'title': '', 'link': '../xwzx.htm'}
{'title': '高级搜索', 'link': '../search2.jsp?urltype=tree.TreeTempUrl&wbtreeid=1101'}
{'title': '网站首页', 'link': '../xwzx.htm'}
{'title': '桂林电子科技大学王冲教授应邀...', 'link': '../info/1116/21835.htm'}
{'title': '广西教育研究院院长旷乾教授应...', 'link': '../info/1116/21769.htm'}
{'title': '我校初等教育学院黄亢美研究员...', 'link': '../info/1116/21759.htm'}
{'title': '任初明教授为教育科学学院百川...', 'link': '../info/1116/21699.htm'}
{'title': '教育科学学院举行百川育英大讲...', 'link': '../info/1116/21394.htm'}
{'title': '中国科学院南京土壤研究所王火...', 'link': '../info/1116/21282.htm'}
{'title': '中国旅游改革发展咨询委员会专...', 'link': '../info/1116/21232.htm'}
{'title': '《南方文坛》主编张燕玲女士应...', 'link': '../info/1116/21103.htm'}
{'title': '作家潘大林、吴小刚应邀到我校...', 'link': '../info/1116/21089.htm'}
{'title': '中南大学唐海波教授应邀到我校...', 'link': '../info/1116/21100.htm'}
{'title': '', 'link': '../ztzl/jg70zn.htm'}
{'title': '', 'link': '../ztzl/sjjszqh.htm'}
{'title': '', 'link': '../bwcx.htm'}
{'title': '', 'link': '../ztzl/sjd.htm'}
{'title': '首页', 'link': '../index.htm'}
{'title': '新闻资讯', 'link': '../xwzx.htm'}
{'title': '学术活动', 'link': 'xshd.htm'}
{'title': '桂林电子科技大学王冲教授应邀到经济与管理学院作专题讲座', 'link': '../info/1116/21835.htm'}
{'title': '广西教育研究院院长旷乾教授应邀到我校作专题报告', 'link': '../info/1116/21769.htm'}
{'title': '我校初等教育学院黄亢美研究员应邀给黑龙江省教师作线上直播讲学', 'link': '../info/1116/21759.htm'}
```

图 6－8　数据提取后的打印效果

```
for items in data:
if (len (items.get_text ()) >=5):
result = {
'title': items.get_text (),
'link': items.get ('href')
}
print (result)
```

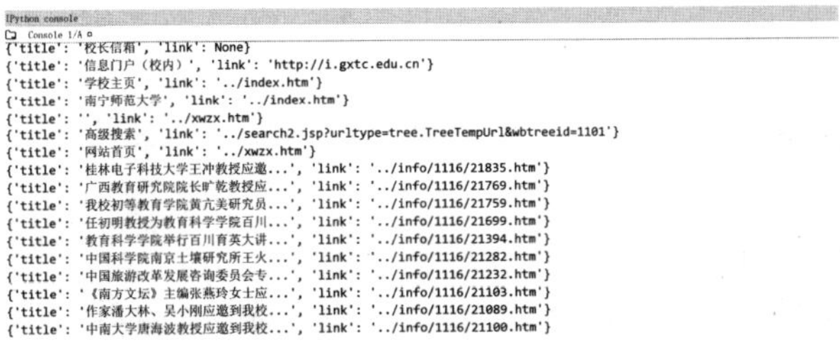

```
IPython console
Console 1/A
{'title': '校长信箱', 'link': None}
{'title': '信息门户（校内）', 'link': 'http://i.gxtc.edu.cn'}
{'title': '学校主页', 'link': '../index.htm'}
{'title': '南宁师范大学', 'link': '../index.htm'}
{'title': '', 'link': '../xwzx.htm'}
{'title': '高级搜索', 'link': '../search2.jsp?urltype=tree.TreeTempUrl&wbtreeid=1101'}
{'title': '网站首页', 'link': '../xwzx.htm'}
{'title': '桂林电子科技大学王冲教授应邀...', 'link': '../info/1116/21835.htm'}
{'title': '广西教育研究院院长旷乾教授应...', 'link': '../info/1116/21769.htm'}
{'title': '我校初等教育学院黄亢美研究员...', 'link': '../info/1116/21759.htm'}
{'title': '任初明教授为教育科学学院百川...', 'link': '../info/1116/21699.htm'}
{'title': '教育科学学院举行百川育英大讲...', 'link': '../info/1116/21394.htm'}
{'title': '中国科学院南京土壤研究所王火...', 'link': '../info/1116/21282.htm'}
{'title': '中国旅游改革发展咨询委员会专...', 'link': '../info/1116/21232.htm'}
{'title': '《南方文坛》主编张燕玲女士应...', 'link': '../info/1116/21103.htm'}
{'title': '作家潘大林、吴小刚应邀到我校...', 'link': '../info/1116/21089.htm'}
{'title': '中南大学唐海波教授应邀到我校...', 'link': '../info/1116/21100.htm'}
```

图 6－9　数据初步清洗后的结果（部分）

6.4　数据分析

目前，数据分析的主要方向可以大致分为三个层次：描述性分析、预测性分析和规则性分析。描述性分析是通过历史数据描述问题。例如，利用回归技术从数据集中发现简单的趋势，可视化技术用于更有意义地表示数据，数据建模则以更有效的方式收集、存储和删减数据。描述性分析通常应用在商业智能和可见性系统。预测性分析是根据已有数据预测未来的概率和趋势。规则性分析可以解决决策制定和提高分析效率。例如，仿真用于分析复杂系统以了解系统行为并发现问题等。

Python 也提供了功能强大的数据分析库，主要包括 NumPy、SciPy、Pandas、Scikit-learn等。Numpy 是 Python 科学计算的基础包，主要提供以下功能：

（1）快速高效的多维数组对象 Ndarray。

（2）用于对数组执行元素级计算以及直接对数组执行数学运算的函数。

（3）用于读写硬盘上基于数组的数据集的工具。

（4）线性代数运算、傅里叶变换，以及随机数生成。

（5）用于将 C、C++、Fortran 代码集成到 Python 的工具。

Pandas 提供了使我们能够快速便捷地处理结构化数据的大量数据结构和函数。对于金融行业的用户，Pandas 提供了大量适用于金融数据的高性能时间序列功能和工具。

SciPy 可以用于处理插值、积分、优化、图像处理、常微分方程数值解的求解、信号处理等问题。它可以有效计算 Numpy 矩阵，使 Numpy 和 Scipy 协同工作，高效解决问题。

Scikit – learn 是在 NumPy 和其他一些软件包的基础上广泛使用的 Python 机器学习库。它提供了预处理数据，减少维数，实现回归、分类、聚类等的方法。

示例 6 – 3：使用 NumPy、Pandas、Scikit – learn 演示将数据进行一元线性拟合，其结果如图 6 – 10 所示。

使用 NumPy、Pandas、Scikit – learn 进行一元线性拟合：

```
import numpy as np
import pandas as pd
from sklearn. linear_ model import LinearRegression
x = np. array（[10, 15, 25, 35, 45, 55]）. reshape（（ - 1, 1））
y = np. array（[1, 2, 3, 4, 5, 6]）
print（x）
print（y）
# 建模
model = LinearRegression（）
model. fit（x, y）
model = LinearRegression（）. fit（x, y）
# 验证模型拟合程度
r_ sq = model. score（x, y）
print（'coefficient of determination：', r_ sq）
# 输出拟合结果 Y = intercept + slope * X
print（'intercept：', model. intercept_ ）
print（'slope：', model. coef_ ）
# 预测
y_ pred = model. predict（x）
print（'predicted response：', y_ pred, sep = '＼n'）
```

```
z = np. arange（5）. reshape（（-1, 1））
y = model. predict（z）
print（y）
```

```
[[10]
 [15]
 [25]
 [35]
 [45]
 [55]]
[1 2 3 4 5 6]
coefficient of determination: 0.9921722113502935
intercept: 0.2054794520547949
slope: [0.10684932]
predicted response:
[1.2739726  1.80821918 2.87671233 3.94520548 5.01369863 6.08219178]
[0.20547945 0.31232877 0.41917808 0.5260274  0.63287671]
```

图 6 - 10　示例 6 - 3 回归结果

感兴趣的读者可自行查阅资料，进而实现多元线性拟合等数据分析和处理。

6.5　数据可视化

数据可视化是一种表达数据的方式，是现实世界的抽象表达，把复杂抽象的数据信息，以合适的视觉元素及视角去呈现，方便大家理解、记忆、传递。

数据可视化是将数据简化、从中提取规律的利器，掌握数据可视化的能力是职场中重要的核心竞争力之一。

Python 具有强大的可视化工具集，包括 Matplotlib、Seaborn、ggplot、Bokeh、pygal、Plotly、geoplotlib 等。

本书仅以 Matplotlib、pyecharts 为例演示 Python 的强大可视化功能。

Matplotlib：基于 Python 的绘图库，提供完全的 2D 支持和部分 3D 图像支持。在跨平台和互动式环境中生成高质量数据时，Matplotlib 会对用户很有帮助。另外，也可以用其制作动画。

1. 利用 Matplotlib 绘制三维平面图（图 6 - 11）

```
from matplotlib import pyplot as plt
import numpy as np
from mpl_ toolkits. mplot3d import Axes3D
fig = plt. figure（）
ax = Axes3D（fig）
X = np. arange（-6, 6, 0. 25）
Y = np. arange（-6, 6, 0. 25）
X, Y = np. meshgrid（X, Y）
R = np. sqrt（X * *2 + Y * *2）
Z = np. sin（R）
ax. plot_ surface（X, Y, Z, rstride = 1, cstride = 1, cmap = 'rainbow'）
plt. show（）
```

2. 利用 Matplotlib 绘制极柚饼图（图 6 - 12）

```
import numpy as np
```

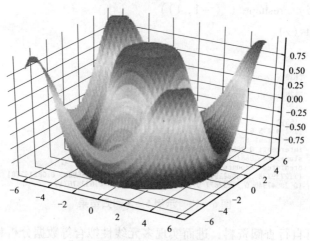

图6-11 三维平面图

```
import matplotlib. pyplot as plt
np. random. seed（20210228）
N = 20
theta = np. linspace（0.0, 2 * np. pi, N, endpoint = False）
radii = 10 * np. random. rand（N）
width = np. pi / 4 * np. random. rand（N）
ax = plt. subplot（111, projection = 'polar'）
bars = ax. bar（theta, radii, width = width, bottom = 0.0）
for r, bar in zip（radii, bars）:
    bar. set_facecolor（plt. cm. viridis（r / 10.））
    bar. set_alpha（0.5）
plt. show（）
```

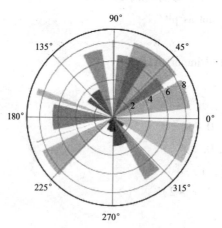

图6-12 极柚饼图

3. 利用 Echarts 绘制疫情地图

Echarts 是百度开源的一个数据可视化 JS 库，主要用于数据可视化。

Pyecharts 是一款将 Python 与 Echarts 相结合的强大的数据可视化工具。绘制出来的图比 Matplotlib 简单美观。使用之前需要在 Python 环境中安装 Pycharts。在 Python 终端中输入命令：pip install pyecharts。

Pyecharts 不仅可以绘制大量的初级图表，还可以绘制很多高级图表，如地图、组合图、水球图、雷达图、桑基图、K 线图、关系图等。

习题

1. 什么是大数据思维？
2. 请使用 BeautifulSoup 库爬取新浪新闻网中的要闻标题和链接。

第7章 基于计算机的问题求解

7.1 计算思维

20世纪40年代以来，计算机科学得到了蓬勃的发展，计算机作为一种研究工具促进了其他学科的发展，而且其思维方式也深刻地影响着很多研究工作。什么是计算思维？国际上广泛认同的计算思维的定义来自周以真（Jeannette M. Wing）教授。2006年3月，时任美国卡内基·梅隆大学（CMU）的周以真教授，在美国计算机权威刊物 *Communications of the ACM* 上，首次提出了计算思维（Computational Thinking）的概念："计算思维是运用计算机科学的基础概念去求解问题、设计系统和理解人类的行为。计算思维包括了涵盖计算机科学之广度的一系列思维活动。"如同所有人都具备"读、写、算"能力一样，计算思维已经成为必须具备的科学思维能力。

7.1.1 科学思维

计算思维属于科学思维，科学思维是人类科学活动中所使用的思维方式。而科学思维方式大体有三种：

（1）以观察和归纳自然规则为物证的实证思维（或实验思维）。

（2）以推理和演绎为特征的逻辑思维。

（3）以抽象化和自动化为特征的计算思维。

这三种思维方式各有特点，相辅相成，共同组成了人类认识世界和改造世界的基本科学思维内容。实证思维起源于物理学的研究，集大成者的代表是伽利略、开普勒和牛顿。实证思维要符合三项原则：第一是解释以往的实验现象；第二是逻辑上不自相矛盾；第三是能预见新的现象，即思维结论必须能够经得起实验的验证。逻辑思维的研究起源于希腊时期，集大成者是苏格拉底、柏拉图、亚里士多德等，他们基本上构建了现代逻辑学的体系。以后又经过众多逻辑学家的贡献，如莱布尼兹、希尔伯特等，逻辑学成为人类科学思维的模式和工具。另外，逻辑思维也要符合一些原则：第一有作为推理的公理集合；第二有一个可靠的推演系统。任何结论都是从公理集合出发，经过推演系统的合法推理，最终得出结论的。

计算思维是人类科学思维中，以抽象化和自动化为主要特征的思维方式。尽管与前面两个思维一样，计算思维也是与人类思维活动同步发展的思维模式，但是计算思维概念的明确和建立经历了较长的时期。

7.1.2 计算思维的提出

思维是与时俱进的，人类的思维水平随着认识工具的进步而逐步由浅入深、由单纯到复杂。正如 1972 年图灵奖得主 Edsger Dijkstra 所说："我们所使用的工具影响着我们的思维方式和思维习惯，从而也将深刻地影响着我们的思维能力。"实际上，计算工具的发展，计算环境的演变，计算科学的形成，计算文明的迭代中到处都闪耀着计算思维的光芒。这种思维活动在人类科学思维中早已存在，并非一个全新的概念，只不过其研究比较缓慢。而随着电子计算机的出现，这些思维带来了根本性的变化，形成了自己独特的概念和方法。计算机将人的科学思维和物质的计算工具合二为一，反过来又大大拓展了人类认知世界和解决问题的能力和范围。或者说，计算思维帮助人们发明、改造、优化和延伸了计算机。同时，计算思维借助于计算机，其意义和作用进一步浮现。

计算思维一词作为概念被提出最早见于 20 世纪 80 年代美国的一些相关的杂志上，我国学者在 20 世纪末也开始关注计算思维，当时主要的计算机科学专业领域的专家学者对此进行了讨论，认为计算思维是思维过程或功能的计算模拟方法论，研究计算思维能够帮助达到人工智能的较高目标。但是当时并没有对这个概念进行充分的界定。

直到 2006 年周以真教授在美国计算机权威刊物 Communications of the ACM 上，首次提出了计算思维（Computational Thinking）的概念。计算思维这一概念从此获得了国内外学者、教育机构、业界公司甚至政府层面的广泛关注，成为计算机及相关领域的讨论热点和重要研究课题之一。2010 年 10 月，中国科学技术大学陈国良院士在第六届大学计算机课程报告论坛上倡议将计算思维引入大学计算机基础教学，计算思维也得到了国内计算机基础教育界的广泛重视。

7.1.3　计算思维的概念和特征

计算思维的目的在于解决问题。2011 年，美国国际教育技术协会（International Society for Technology in Education，ISTE）联合计算机科学教师协会（Computer Science Teachers Association，CSTA）基于计算思维的表现性特征，给出了一个操作性定义："计算思维是一种解决问题的过程，该过程包括明确问题、分析数据、抽象、设计算法、评估最优方案、迁移解决方法六个要素。"

2012 年，英国学校计算课程工作小组（Computing at School WorkingGroup，CAS）在研究报告中阐述：计算思维是识别计算，应用计算工具和技术理解人工信息系统和自然信息系统的过程，是逻辑能力、算法能力、递归能力和抽象能力的综合体现。

2013 年，南安普顿大学 John Woollard 研究员在"计算机科学教育创新与技术"（IT-iCSE）会议报告中提出"计算思维是一项活动，通常以产品为导向，与问题解决相关（但不限于问题的解决）。它是一个认知或思维过程，能够反映人们的抽象能力、分解能力、算法能力、评估能力和概括能力，其基本特征包括思维过程，抽象和分解"。

中国科学院自动化研究所王飞跃教授认为，"计算思维是一种以抽象、算法和规模为特征的解决问题的思维方式。广义而言，计算思维是基于可计算的手段，以定量化的方式进行的思维过程；狭义而言，计算思维是数据驱动的思维过程。"

分析上述定义，大家所侧重的层面和维度有所不同，我们可以这样理解：计算思维是一种独特的解决问题的过程，反映出计算机科学的基本思想方法。

周以真教授进一步用计算思维是什么、不是什么等特征来解释计算思维。

（1）计算思维是概念化，而不是程序化的。

计算机科学不是计算机编程。像计算机科学家那样去思维意味着远不止能为计算机编程，还要求能够在抽象的多个层次上思维。计算机科学不只是关于计算机，就像音乐产业不仅限于研究麦克风一样。

（2）计算思维是根本的技能，不是刻板的技能。

计算思维是一种根本技能，是每个人为了在现代社会中发挥职能所必须掌握的。刻板的技能意味着简单的机械重复。计算思维不是一种简单、机械的重复。

（3）计算思维是人的思维，不是计算机的思维。

计算思维是人类求解问题的一条途径，但绝非要使人类像计算机那样地思考。计算机枯燥且沉闷，人类聪颖且富有想象力。人类赋予了计算机激情，计算机赋予了人类强大的计算能力。人类应该好好地利用这种力量去解决各种需要大量计算的问题。

（4）计算思维是思想，不是人造物。

计算思维不只是将生产的软硬件等人造物以物理形式到处呈现给我们的生活，更重要的是计算概念，它被人们用来进行问题求解、日常生活的管理以及与他人进行交流和互动。

（5）计算思维是数学和工程思维的互补与融合。

计算机科学在本质上源自数学思维，它的形式化基础建筑于数学之上。计算机科学又从本质上源自工程思维，因为我们建造的是能够与实际世界互动的系统。所以计算思维是数学和工程思维的互补与融合。

（6）计算思维面向所有人，所有地方。

计算思维是面向所有人的思维，而不只是计算机科学家的思维。如同所有人都具备"读、写、算"能力一样，计算思维是必须具备的思维能力。当计算思维真正融入人类活动的整体时，它作为一个问题解决的有效工具，人人都应当掌握，处处都会被使用。例如，当前各个行业领域中面临的大数据问题，都需要依赖于计算算法来挖掘有效内容，这意味着计算思维已成为一种普适思维方式。

计算思维的本质是抽象（Abstraction）和自动化（Automation）。它反映了计算的根本问题，即什么能被有效地自动进行。计算是抽象的自动执行，自动化需要某种计算机去解释抽象。

从操作层面上讲，计算就是如何寻找一台计算机去求解问题，隐晦地表达就是要确定合适的抽象，选择合适的计算机去解释执行该抽象，后者就是自动化。

需要强调的是，计算思维虽然被冠以"计算"两个字，但绝不是只与计算机科学有关的思维，而是人类科学思维的一个组成部分，它是在计算机出现之前就已经存在的。实际上，即使没有计算机，计算思维也在逐步发展，并且有些内容与计算机也没有关系。只是由于计算机的发展极大促进了这种思维的研究和应用，并且在计算机科学的研究和工程应用中得到广泛的认同，所以人们习惯地将这种思维叫作计算思维。

7.2　问题求解与程序设计基础

计算思维反映的是利用计算机技术解决问题的思维方法，而利用计算机解决实际问题，必定需要编写相应的应用程序。用计算机编程，其实质是人的认知过程在计算机上的实现，因此程序设计本质上也是抽象和理性思维过程。开发应用程序当然要理解程序设计过程中的特定思维，本节我们主要介绍程序设计语言基础以及程序设计的技术和方法，这些知识为我

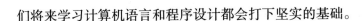

们将来学习计算机语言和程序设计都会打下坚实的基础。

7.2.1 计算机求解问题的过程

计算机解决问题有其自身的方法与过程，这里介绍计算机求解问题的过程和程序设计的方法。

用计算机解决一个具体问题，一般需要经过以下五个步骤：①分析问题（确定计算机做什么）；②建立模型（将原始问题转化为数学模型或者模拟数学模型）；③设计算法（形式化地描述解决问题的途径和方法）；④编写程序（将算法用计算机程序实现）；⑤调试测试（通过各种数据，改正程序中的错误）。图7-1所示为计算机解决具体问题的基本过程。

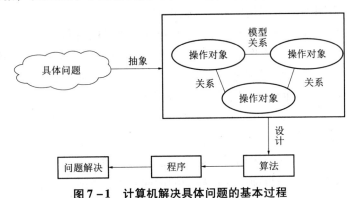

图7-1 计算机解决具体问题的基本过程

（1）分析问题（自然问题的逻辑建模）。

这一步的目的是通过分析明确问题的性质，将一个自然问题建模到逻辑层面上，将一个看似很困难、很复杂的问题转化为基本逻辑。例如，要找到两个城市之间的最近路线，可以先利用图的方式将城市和交通路线表示出来，再从所有的路线中选择最近的。通常要处理的问题可以分为数值问题和非数值问题，非数值问题也可以模拟为数值问题，在计算机里仿真求解。

（2）建立模型（逻辑步骤的数学建模）。

有了逻辑模型，需要将逻辑模型转换为能够存储在芯片上的数学模型。例如，将两个城市间最近路线问题首先转变为数据结构中的"图"，然后再转换为数学上的优化问题。对于数值型问题，可以建立数学模型，直接通过数学模型来描述问题。对于非数值型问题，可以建立一个过程模型或者仿真模型，通过模型来描述问题，再设计算法来解决。

（3）设计算法（从数学模型到计算建模）。

算法是指问题解决方案的准确而完整的描述，是一系列解决问题的清晰指令，算法代表着用系统的方法描述解决问题的策略机制，即能够对一定规范的输入，在有限时间内获得所要求的输出。如果一个算法有缺陷，或不适合于某个问题，那么执行此算法将不会解决这个问题。

（4）编写程序（从计算建模到编程实现）。

设计完算法后，就要使用某种程序设计语言编写程序代码。

（5）调试测试（程序的运行和修正）。

上机调试、运行程序，得到运行结果。对于运行结果要进行分析和测试。看看运行结果是否符合预先的期望，如果不符合，则要进行判断，找出问题所在，对算法或程序进行修正，直至得到正确的结果。

7.2.2 程序设计的方法

程序设计是计算机求解问题的主要步骤。如何才能编写出高质量的程序呢？下面是设计程序时应遵循的基本原则：

（1）正确性。正确性是指程序本身必须具备且只能具备程序设计规格说明书中所列举的全部功能。它是判断程序质量的首要标准。

（2）可靠性。可靠性是指程序在多次反复使用过程中不失败的概率。

（3）简明性。简明性的目标是要求程序简明易读。

（4）有效性。程序在计算机上运行需要使用一定数量的计算机资源，如 CPU 的时间、存储器的存储空间。有效性就是要在一定的软、硬件条件下，反映出程序的综合效率。

（5）可维护性。程序的维护可分为校正性维护、适应性维护和完善性维护。一个软件的可维护性直接关系到程序的可用性，因此应特别予以关注。

（6）可移植性。程序主要与其所完成的任务有关，但也与它的运行环境有着一定的联系。软件的开发应尽可能远离机器的特征，以提高它的可移植性。

为了设计出好的程序，需要采用科学的程序设计方法进行指导。程序设计方法经历了从传统的结构化程序设计方法到目前广泛被接受的面向对象程序设计方法。

1. 结构化程序设计方法

结构化程序设计方法的思想主要包括两个方面：

（1）在软件设计和实现过程中，提倡采用自顶向下、逐步细化的模块化程序设计原则。其程序结构是按功能划分为若干个基本模块；各模块之间的关系尽可能简单，在功能上相对独立。

（2）编写代码时，强调采用单入口单出口的三种基本控制结构（图7-2），避免使用goto 语句。

下面结合一个例子，说明结构化程序设计方法是如何运用在具体的程序设计中。

示例7-1：求两个正整数的最大公约数和最小公倍数。

求解过程：

（1）采用"自顶向下、逐步细化"的原则进行问题的分析。

该问题可以分解为如图7-3所示的四个子问题。

第一，输入两个正整数；第二，求这两个数的最大公约数；第三，求这两个数的最小公倍数；第四，显示求得的结果。

该问题比较简单，经过分解后每个子问题都已经非常的具体明确，没有必要再继续细分。对于较复杂的问题，在第一轮分解后还需再次进行分解，直到分解后问题都非常具体明确时便不再细分下去。

（2）采用"模块化"结构进行程序设计。

分解后的四个子问题，每个子问题可以作为一个功能模块来设计。在 C 语言中，用一个个函数来分别实现程序中的各子功能模块，在 main（）函数中，通过流程控制语句，将这些函数有机地组织成完整的程序。本例中的这四个功能模块分别用三个函数来实现，其中输入数据

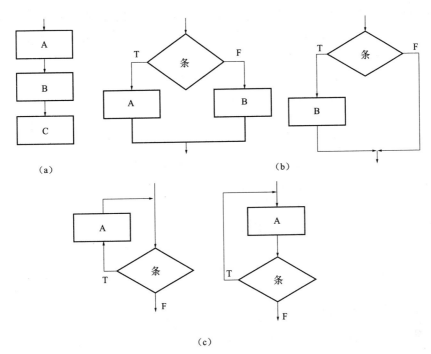

图 7-2　三种基本的控制结构

（a）顺序结构；（b）选择结构；（c）循环结构

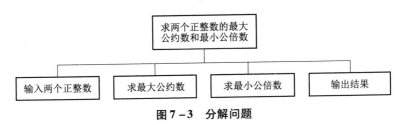

图 7-3　分解问题

和输出结构功能模块合并放在 main（）函数中。函数功能和调用关系如图 7-4 所示。

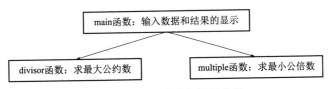

图 7-4　函数功能和调用关系

（3）运用 C 语言采用三种基本结构进行代码设计。

```
#include "stdio. h"
void main（） //主函数：完成数据的输入和输出，负责函数的调用
{int a，b，g，l;
int divisor（int m，int n）;
int multiple（int m，int n）;
scanf（"%d,%d"，&a，&b）; //输入两个整数到 a，b
g = divisor（a，b）; //调用 divisor 函数，求 a，b 的最大公约数
```

l = multiple（a，b，g）；//调用 multiple 函数，求 a，b 的最小公倍数

printf（"greatest common divisor is %d，The lowest common multiple is %d"，g，l）；
//输出最大公约数和最小公倍数

}

int divisor（int m，int n）//divisor 函数：求最大公约数

{int r，t；

if（m<n）//选择结构

{t=m；m=n；n=t；} //顺序结构，实现两个数的交换

while（（r=m%n）！=0）//循环结构，实现辗转相除法

{m=n；n=r；}

return n；

}

int multiple（int m，int n，int k）//multiple 函数：求两个数的最小公倍数

{return m＊n/k；}

从以上分析可知，结构化程序设计的基本程序结构如图 7-5 所示。结构化程序设计由于采用了模块分解与功能抽象，自顶向下、分而治之的方法，从而有效地将一个较复杂的程序设计任务分解成许多易于控制和处理的子任务，便于开发和维护。其特点是结构良好、条理清晰，功能明确，描述方式适合人们解决复杂问题的普遍规律。对于需求稳定、算法密集型的领域（如计算科学领域），采用结构化程序设计方法是非常有效和适用的。因此，结构化程序设计方法在软件开发中具有非常重要的作用。

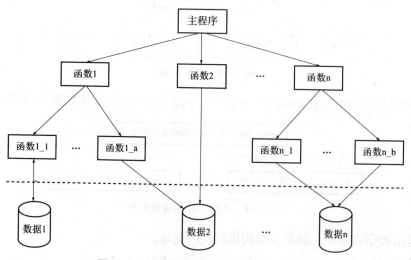

图 7-5　结构化程序设计的基本程序结构

2. 面向对象程序设计方法

结构化程序设计方法学确实给程序设计带来了巨大进步，并在许多中小规模的软件项目获得了成功。随着信息技术的飞速发展，计算机软件也从单纯的科学和工程计算渗透到社会生活的方方面面，软件的规模也越来越大，复杂性急剧提高，此时结构化程序设计方法逐步暴露出诸多问题和缺陷。结构化程序设计方法把数据和处理数据的过程分离为相互独立的实

体，当数据结构改变时，所有相关的处理过程都要进行相应的修改，每种相对于老问题的新方法都要额外的开销，程序的可重用性差，难以维护，严重影响了程序开发的效率。为此，一种全新的、强有力的程序设计开发方法——面向对象程序设计方法应运而生。

面向对象程序设计出发点和基本原则是直接面对客观存在的事物来进行软件开发，将人们在日常生活中习惯的思维方式和表达方式应用在程序设计中，使程序设计从过分专业化的方法、规则和技巧中回到客观世界，回到人们通常的思维方式。它直接反映了人们对客观世界的认知模式——从特殊到一般的归纳过程和从一般到特殊的演绎过程。它的出现，实际上是程序设计方法发展的一个返璞归真过程。

面向对象程序设计方法是将数据和对数据的操作方法放在一起，作为一个相互依存、不可分离的整体对象。对同类型对象抽象出其共性，形成类。类中的大多数数据，只能用本类的方法进行处理。类通过一个简单的外部接口与外界发生关系，对象与对象之间通过消息进行通信。

1）面向对象程序设计的基本概念

（1）对象。

从一般意义上讲，对象是现实世界中一个实际存在的事物，它可以是有形的（一个学生、一台计算机），也可以是无形的（一场演出、一个计划）。

客观世界都是由客观世界的实体及实体之间的相互关系构成，把客观世界的实体称为问题空间的对象。复杂对象由相对较简单的对象以某种方法组成。从这个意义上说，整个客观世界可认为是一个最复杂的对象。对象通常有自己的属性，而且能够执行特定的操作。命名一个人可以描述为"姓名：张三，性别：男，身高：170"，这里的"姓名""性别""身高"就是对象的属性，而"张三""男""170"则是对应的属性值。该对象还有"走路""说话"等行为，在面向对象程序设计中，也称为方法。属性用于描述对象的静态特征，而行为用于描述对象的动态特征。

（2）类。

把众多的事物进行归纳并划分为一些类，是人类在认识客观世界时经常采用的思维方法。分类所依据的原则是抽象，即忽略事物的非本质特性，只注意那些与当前目标有关的本质特性，把具有相同性质的事物划分为一类，得出一个抽象的概念，如汽车、书、教室、学生等都是人们在长期的生产实践中得出的抽象概念。

面向对象方法中的"类"是指具有相同属性和行为的一组对象的集合。它描述的不是单个对象，而是一类对象的共同特征。例如，图书管理系统中可以定义"读者"类，而"张三""李明""王杨"这些学生就是属于该类的对象，或者叫作类的实例；它们都具有该类的属性和操作，但每个对象的属性值可以各不相同。

（3）封装。

封装是面向对象方法一个非常重要的原则，即将对象的属性和方法封装起来形成一个对象，并尽可能地隐藏对象的内部细节。封装是一种信息隐藏技术，用户只能见到对象封闭界面上的信息，而对象内部对用户是隐蔽的。

封装的目的在于将对象的使用者和设计者分开，使用者不必知道行为实现的细节，只需用设计者提供的消息来访问该对象即可，这与现实生活是相吻合的。例如，电视机有一个外壳将它们的内部细节封装起来，通过电视机的外部按键或者遥控器来控制电视机使其正常工作。内部细节如果不被封装，对用户使用是不利的，而且用户也不需要知道其内部构造。由此看出封装可以有效地保证数据的安全性，并能隐藏类的实现细节，程序员使用时不需要知道类是如何实现的，只要知道其所提供的公用成员进行的操作即可。

（4）继承。

继承是指新类可以在现有类的基础上派生得到的过程。新类继承了原有类的特性，新类又称为原有类的派生类（子类），而原有类称为新类的基类（父类）。

世界上的事物有很多相似之处，而在这些相似的事物之间具有某种继承关系。例如，孩子和父亲之间往往有许多相似之处，因此孩子从父亲那里继承了许多特性；汽车与卡车、轿车与客车之间存在着一般化与具体化的关系，可以用继承来实现。

继承具有可传递性。例如，"学生"类从"人"类继承而来，"本科生"和"研究生"类再从"学生"类继承而来，那么"本科生"和"研究生"类也就自动继承了人的姓名、身高等属性。这样的派生类就能享受其各级基类所提供的服务，从而实现高度的可复用性；当基类的某项功能发生变化时，对它的修改也会自动体现到各派生类中，同时也提高了软件的可维护性。

客观现实中还存在多继承关系。如鸭嘴兽既有鸟类的特征，又有哺乳动物的特征，那么可以把它看成是鸟类和哺乳动物共同的派生类；又如，一名在职研究生具有教师和学生的双重身份。现代程序设计语言既支持单继承，又支持多继承，具有很大的灵活性。

（5）多态。

多态性是指在一般类中定义的属性或行为，被特殊类继承之后，可以具有不同的数据类型或表现出不同的行为，这使同一个属性或行为在一般类及其各个特殊类中具有不同的意义。比如，某个公司的员工，都有计算员工工资的行为，但这个行为不具备具体的含义，因为一个公司的员工有多种类型，如总经理、销售主管、销售人员等，不同的身份计算工资的方法是不一样的。但可以定义员工的一些派生类，如总经理类、销售主管类、销售人员等，他们都继承了一般员工类的计算工资的行为，因此也就具有了计算工资的能力。接下来，可以通过在派生类中根据需要来实现不同类中的计算工资的行为，这样就能根据员工的身份来合理地计算员工的工资了。这就是面向对象方法中的多态性。

2）面向对象程序设计的程序结构

面向对象程序设计的基本元素是对象，即程序就是若干个对象的集合。图7-6给出了面向对象程序设计的程序结构，它的主要结构特点是：①程序一般由类的定义和类的使用两部分组成，在主程序中定义各对象并规定它们之间传递消息的规律；②程序中的一切操作都是通过向对象发送消息来实现的，对象接收消息后，启动有关方法并完成相应的操作。一个程序中涉及的类，可以由程序设计者自己定义，也可以使用现成的类（包括类库中为用户提供的类和他人已构建好的类）。

图7-6　面向对象程序设计的程序结构

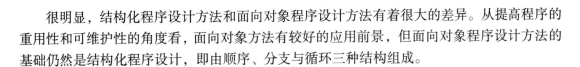

很明显，结构化程序设计方法和面向对象程序设计方法有着很大的差异。从提高程序的重用性和可维护性的角度看，面向对象方法有较好的应用前景，但面向对象程序设计方法的基础仍然是结构化程序设计，即由顺序、分支与循环三种结构组成。

7.2.3　抽象

抽象是计算思维的本质特征之一，也是计算学科中的一个非常重要的概念。抽象注重把握系统的本质内容，而忽略与系统当前目标无关的内容，是一种基本的认知过程和思维方式。

1. 抽象的定义

抽象是指对实际事物进行人为处理，抽取所关心的、共同的、本质特性的属性，并对这些事物和特性属性进行描述，从而大大降低系统元素的数量。例如苹果、香蕉、生梨、葡萄、桃子等，它们共同的特性就是水果。得出水果概念的过程，就是一个抽象的过程。要抽象，就必须进行比较，没有比较就无法找到在本质上共同的部分。在抽象时，同与不同，决定于从什么角度上来抽象。抽象的角度取决于分析问题的目的。

2. 计算的三个抽象层次

第一个抽象层次是"计算理论"，是信息处理机（如图灵机）的抽象。在这个层次上，信息处理机的工作特性（计算）是映射，即把一种信息映射成另一种信息。

第二个抽象层次是"信息表示与算法"，涉及输入、输出信息的选择，以及用来把一种信息变换成另一种信息的算法选择，它关注的问题是如何实现计算。计算的复杂度如何。

第三个抽象层次是"硬件"，这一层次关注的问题是在物理上如何实现这种信息的表示和算法。而一个算法可以用软件或硬件的形式来实现，如防火墙，也可以采用不同的技术途径来实现。

从理论上讲，最抽象的计算理论与最现实的机器硬件之间没有直接的关系，它们是相互独立的。而算法是一个中介，它既与计算理论关联，又与机器硬件关联。不过，从现实上看，这三个层次是相互关联的，即任何一个问题的计算，都是这三个层次相互协调的结果。

3. 程序设计中的抽象

计算机要解决客观世界的现实问题，首先必须要对客观事物进行抽象，即将现实世界中的事物、事件以及其他对象或概念用数据（符号）来表示，这样计算机才能运算处理。这里所指的数据主要包括数值、字符和字符串等多种形式。

实际上，抽象渗透在整个程序设计之中，它与程序设计语言有特别的双重关系。一方面，语言是软件人员实现抽象的工具；另一方面，语言本身就是处理机的抽象，它的目的是在这个处理机上实现的。早期的语言并未完全体现出抽象在程序设计中的重要作用，如机器语言、符号汇编语言等，直到 20 世纪 50 年代末设计出第一个高级语言，才为定义抽象机制提供了丰富内容。程序设计中的抽象主要包括两个方面：数据抽象和控制抽象。

（1）数据抽象。在早期的程序设计语言中，机器语言（包括早期的汇编语言）中数据具有最原始的形式，根本谈不上抽象。20 世纪 50 年代末逐渐产生的 FORTRAN、COBOL、ALGOL 60 等高级语言，引入了数据类型，实现了数据抽象。例如，在 C 语言中，有如下变量定义语句：int a；这里变量 a 实际上就是对应某个存储单元的地址，也就是对存储单元的抽象；变量 a 的值实际是两个连续存储单元的内容，实际上是对这两个存储单元中的二进制代码的抽象。对 a 的操作要按整数运算规则进行。实际上，类型规定了人们对二进制代码的解释，也就规定了一组值的集合和可以对其施加的操作的集合。

在类型的基础上可以定义数据包或类，类的名字所代表的数据更加抽象，规定了其中的一些不同类型的数据，以及这些数据所允许的计算（即操作）。类名代表了一个复杂的数据。

数据的抽象使人们能在更高的层次上操纵数据。每个高层数据运算的实现在其内部完成。

（2）控制抽象。控制抽象通过把基本操作组合成任意复杂的模式，使计算模型化。简单地说，控制抽象隐含了程序控制机制，而不必说明它的内部细节。控制结构描述语句或一组语句（程序单位）执行的顺序。

7.3　数据结构与算法基础

一个程序应包括以下两方面内容：

（1）对数据的描述。在程序中要指定数据的类型和数据的组织形式，即数据结构。

（2）对操作的描述。即操作的步骤，也就是算法。

数据是操作的对象，操作的目的是对数据进行加工处理，以得到期望的结果。比如，厨师做菜需要有菜谱。菜谱上一般包括：①配料，指出应使用哪些原料；②操作步骤，指出如何使用这些原料按规定的步骤加工成所需的菜肴。面对同样的原料可以加工出不同风味的菜肴。作为设计人员，必须认真考虑和设计数据结构和操作步骤（即算法）。著名计算机科学家尼古拉斯·沃思（Niklaus Wirth）曾经提出一个公式：数据结构＋算法＝程序。随着时代的发展以及计算机技术的进步，这个公式已经不够准确了，但是数据结构和算法在程序设计中依然占据极其重要的地位。其中，数据结构是程序的加工对象，也是程序的基础，算法是程序的灵魂。

7.3.1　数据结构基础

利用计算机进行数据处理时，实际需要处理的数据一般会很多。要提高数据处理效率，且节省存储空间，如何组织数据就非常的关键。而数据结构用来反映数据的内部组成，即数据由哪些成分构成，以什么方式构成，是什么结构。下面给出数据结构的基本概念，并简要介绍几种典型的数据结构。

1. 数据结构的定义

数据结构是指相互之间具有一定联系的数据元素的集合。数据结构有逻辑上的数据结构和物理上的数据结构之分。逻辑上的数据结构反映成分数据之间的逻辑关系即逻辑结构，而物理上的数据结构反映成分数据在计算机内部的存储安排即存储结构。通常，算法的设计取决于数据的逻辑结构，算法的实现取决于数据的物理存储结构，因此研究数据结构的逻辑结构与存储结构显得十分重要。

2. 逻辑结构

数据元素之间的相互关系称为逻辑结构。逻辑结构有四种基本类型，如图 7-7 所示。

1）集合结构

结构中的数据元素除了同属于一个集合外，它们之间没有其他关系，这样的结构称为集合结构。各个数据元素是"平等"的，它们的共同属性是"同属于一个集合"。数据结构中的集合关系就类似于数学中的集合。

如果将紧密相关的数据组合到一个集合中，则能够更有效地处理这些紧密相关的数据。代替编写不同的代码来处理每一单独的对象，用户可以使用相同的调用代码来处理一个集合的所有元素。

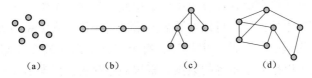

图 7 - 7　逻辑结构的四种基本类型

（a）集合结构；（b）线性结构；（c）树形结构；（d）图形结构

2）线性结构

结构中的数据元素之间是一对一的关系，这样的结构称为线性结构。线性结构中的数据元素之间是一种线性关系，数据元素一个接一个地排列。如排队的队列、表格中一行行的记录等。

3）树形结构

结构中的数据元素之间存在一种一对多的层次关系，这样的结构称为树形结构。树形结构是一层次的嵌套结构。一个树形结构的外层和内层有相似的结构，所以，这种结构多可以递归的表示。

4）图形结构

结构中的数据元素是多对多的关系，这样的结构称为图形结构。图形结构的数据元素之间存在着多对多的关系，也称网状结构。

3. 数据的存储结构

数据元素的存储结构形式有以下四种。

1）顺序存储结构

把逻辑上相邻的数据元素存储在物理位置上相邻的存储单元中，元素之间的逻辑关系由存储单元的邻接关系来体现。由此得到的存储表示为顺序存储结构，通常顺序存储结构是借助于计算机程序设计语言（如 C/C++）的数组来描述的。线性的数据结构通常采用顺序存储结构。非线性的数据结构也可通过某种线性化的方法实现顺序存储。

特点：节省存储空间，因为分配给数据的存储单元全用来存放数据元素的值（不考虑 C/C++ 语言中数组需指定大小的情况），元素之间的逻辑关系没有占用额外的存储空间。采用这种方法时，可实现对数据元素的随机存取，即每个元素对应一个序号，由该序号可以直接计算出元素的存储地址。但顺序存储方法的主要缺点是不便于修改，对数据元素的插入、删除操作时，可能要移动一系列的元素，使效率较低。

2）链式存储结构

把数据元素存放在任意的存储单元里，这组存储单元可以是连续的，也可以是不连续的。数据元素间的逻辑关系由附加的指针字段表示，由此得到的存储表示称为链式存储结构。在这种结构中，每存放一个数据元素，还要存放一个指针，用来描述元素之间的关系。人们把这样一个既存放数据元素又存放指针的存储块称为"节点"。链式存储结构可以借助程序设计语言中的指针类型来实现。

特点：逻辑上相邻的节点物理上不必相邻；插入、删除灵活（不必移动节点，只要改变节点中的指针），但是每个节点是由数据域和指针域组成，导致存储效率不高；查找节点时链式存储要比顺序存储慢。

3）索引存储结构

索引存储结构通常是给存储在计算机中的数据元素建立一个索引表。通过索引表，可以得到数据元素在存储器中的位置，可以对数据元素进行操作。索引表由若干索引项组成。

索引存储结构使用索引表存储一串指针，每个指针指向存放在存储器中的一个数据元素。它的最大特点是可以把大小不等的数据元素按顺序存放，但索引存储需要存储额外的索引表，增加了额外的开销。

4）散列存储结构

根据数据元素的关键字直接计算出该元素的存储地址，由此得到的存储表示称为散列存储结构。

理想状态下，这种方法相当妙。但很难达到理想状态，这时需解决的关键问题是：选择适当的散列函数和研究解决冲突的方法。

数据结构的四种基本存储方法，既可单独使用，也可组合起来对数据结构进行存储映像。同一逻辑结构采用不同的存储方法，可以得到不同的存储结构。选择何种存储结构来表示相应的逻辑结构，视具体要求而定，主要考虑运算方便及算法的时空要求。

4. 几种典型的数据结构

下面简单地介绍几种典型的数据结构，包括线性表、栈和队列。

1）线性表

线性表是最常用的一种数据结构。线性表是具有相同类型的 n 个数据元素组成的有限序列，通常记为 $(a_1, a_2, \cdots a_{i-1}, a_i, a_{i+1}, \cdots a_n)$。其中，$a_i$ 是表中元素，n 是表的长度，当 $n = 0$ 时线性表为空表。当 $n \neq 0$ 时，a_1 是第一个元素，也称为表头元素，a_n 是最后一个元素，也称为表尾元素。a_1 是 a_2 的直接前驱元素，a_2 是 a_3 的直接前驱元素，而 a_2 是 a_1 的直接后继元素，a_3 是 a_2 的直接后继元素。

不同的线性表中的数据元素可以是多种多样的，例如，英文字母表（A，B，C，…，Z），某校 1980—1985 年计算机拥有量的变化情况表（6，15，28，52，90，186）。更复杂地，如一个班所有学生的某学期课程成绩表也是一个线性表。其中，数据元素是由每个学生的某学期课程的成绩组成的记录，记录由学号、姓名、各门课程名等数据项组成，这些数据项也称为字段。

线性表是一种相当灵活的数据结构，它的长度可根据需要增长或缩短，即线性表的元素不仅可以访问，还可以进行插入、删除等操作。在计算机中，线性表通常可以采用顺序存储和链式存储两种存储结构。

2）栈

栈（stack）是限制仅在表的一端进行插入和删除运算的线性表。通常称插入、删除的这一端为栈顶（Top），另一端称为栈底（Bottom）。设 $S = (a_1, a_2, \cdots a_n)$，$a_1$ 是最先进栈的元素，a_n 是最后进栈的元素，则称 a_1 是栈底元素，a_n 是栈顶元素。进栈和出栈的操作是按照"后进先出"（Last In First Out，LIFO）的原则进行的。进栈和出栈操作如图 7 - 8

所示。

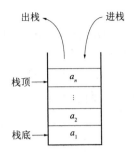

图 7 - 8 进栈和出栈操作

栈一般采用顺序存储结构,即使用一个连续的存储区域来存放栈元素,并设置一个指针 top 指示栈顶的位置,以 top =0 表示空栈。图 7 - 9 展示了栈中数据元素和栈顶指针之间的关系。其中,栈中元素按照 A,B,C 次序进栈和 C 出栈的过程。

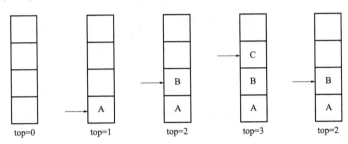

图 7 - 9 栈的存储结构示例

3)队列

队列(Queue)是限制仅在表的一端进行插入,而在表的另一端进行删除操作的线性表。允许插入元素的一端称为队尾。允许删除元素的一端称为队首。设队列 $Q = (a_1, a_2, \cdots a_n)$,其中的元素按照 a_1,a_2,$\cdots a_n$ 的顺序进入,则 a_1 是第一个退出队列的元素。进入队列和退出队列的操作是按照"先进先出"的原则进行的。队列操作示意如图 7 - 10 所示。

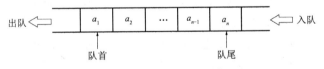

图 7 - 10 队列操作示意

由于队列中的数据元素变动较大,通常队列采用链式存储结构。用链表表示队列,称为链队列。一个链队列需要设置两个指针,一个为队首指针,另一个为队尾指针,分别指向队列的头和尾。链队列示意如图 7 - 11 所示。

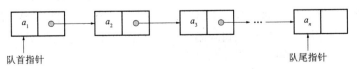

图 7 - 11 链队列示意

7.3.2 算法基础

广义地说，为解决一个问题而采取的方法和步骤，就称为"算法"。事实上，所有的问题都有算法，并非只有计算学科中的问题才有算法。如描述太极拳动作的图解，就是"太极拳的算法"。一首歌曲的乐谱，也可称为该歌曲的算法。这些算法跟计算学科中的算法最大的差别就在于，前者是人执行的算法，而后者则是由计算机执行。本书所讨论的算法是计算机算法。

1. 算法的基本特性

算法具有五个基本特性：有穷性、确定性、输入、输出和可行性。

（1）有穷性。指算法在执行有限的步骤之后，自动结束而不会出现无限循环，并且每个步骤在可接受的时间内完成。例如，计算下列近似圆周率的公式。

$$\frac{\pi}{4} \approx 1 - \frac{1}{3} + \frac{1}{5} - \frac{1}{7} + \frac{1}{9} - \frac{1}{11} + \cdots$$

从数学的角度，这是一个无穷级数，但在计算机中只能求有限项，此时可以设定当某项的绝对值小于10^{-6}时算法执行完毕，即计算的过程必须是有穷的。任何不会终止的算法是没有意义的。

事实上"有穷性"往往指"在合理的范围之内"。如果让计算机执行一个历时1 000年才结束的算法，这虽然是有穷的，但超过了合理的限度，人们不把它视为有效算法。例如，使用穷举法破解密码的算法可能要耗费成百上千年，显而易见，这个算法是可以在有限的时间内完成，但是对于人类来说是无法接受的。

（2）确定性。算法中的每个步骤都应当是确定的，而不应当是含糊的、模棱两可的。算法中的每个步骤应当不致被解释成不同的含义，而应是十分明确的。算法在一定条件下，只有一条执行路径，相同的输入只能有唯一的输出结果。算法的每个步骤被精确定义而无歧义。

（3）有零个或多个输入。一个算法可以没有输入，也可以有多个输入，输入是在执行算法时从外界取得的必要的信息，即算法所需的初始量等。例如，计算圆周率的近似值是式子，不需要输入任何信息，就能够计算出近似的圆周率的值。在求两个整数的最小公倍数的算法中，就需要输入两个整数的值。

（4）有一个或多个输出。一个算法可以有一个或多个输出。输出就是算法最终计算的结果。编写程序的目的就是要得到一个结果，如果一个程序运行下来没有任何结果，那么这个程序本身也就失去了意义。例如，在求两个整数的最小公倍数的算法中，输出的是最小公倍数的值。

（5）可行性。算法的每一步都必须是可行的，也就是说，每一步都能够通过执行有限次数完成。可行性意味着算法可以转换为程序上机运行，并得到正确的结果。尽管在目前计算机界也存在那种没有实现的极为复杂的算法，不是说理论上不能实现，而是因为过于复杂，我们当前的编程方法、工具和大脑限制了这个工作，不过这都是理论研究领域的问题，不属于我们现在要考虑的范围。

2. 算法的描述

对于一些问题的求解步骤，需要一种表达方式，即算法描述。其作用是可以使他人通过

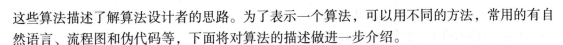

这些算法描述了解算法设计者的思路。为了表示一个算法，可以用不同的方法，常用的有自然语言、流程图和伪代码等，下面将对算法的描述做进一步介绍。

1）自然语言表示算法

自然语言可以理解为日常用语，就是人们日常所使用的语言，如英文或中文等，这种表示方式通俗易懂，但是采用自然语言进行描述也有很大的弊端，就是容易产生歧义。语句烦琐冗长，并且用自然语言来描述较为复杂的算法就显得不是很方便，所以除了那些很简单的问题外，一般情况下不采用自然语言来描述。

2）流程图表示算法

流程图是一种传统的、广泛应用的算法表示法，它用一些图框来代表各种不同性质的操作，用流程线来指示算法的执行方向，它使用美国国家标准化学会（American National Standards Institute，ANSI）规定的一些图框、线条来形象、直观地描述算法处理过程。与自然语言相比，流程图能更加清晰、直观、形象地反映控制结构的过程。常见的流程图符号及其图形和功能见表 7 – 1。

表 7 – 1　常见的流程图符号及其图形和功能

符号名称	图形	功能
起止框	⬭	表示算法的开始或结束
处理框	▭	表示一般的处理操作，如计算、赋值等
判断框	◇	表示对一个给定条件进行判断
流程线	→	用流程线连接各种符号，表示算法的执行顺序
输入/输出框	▱	表示算法的输入/输出操作
连接点	○	成对出现，同一对连接点内标注相同的数字或文字，用于将不同位置的流程线连接起来，避免流程线的交叉或过长
注释框	--▯	对当前步骤进行必要的注释、说明

3）用伪代码表示算法

伪代码是用介于自然语言和计算机语言之间的文字和符号来描述算法。它保留了程序设计语言严谨的结构、语句的形式和控制成分，忽略了烦琐的变量说明，在高层抽象地描述算法一些处理和条件等容许使用自然语言来表达。伪代码不是真正的程序代码，还需要进一步通过程序设计来具体实现。

3. 算法设计举例

算法分为数值计算算法和非数值计算算法两类。数值计算是计算机最早的应用领域，算法较成熟，目前，大多数数值计算问题现均有现成的算法可供选用。非数值计算发展较晚，涉及面较广，常用于事务管理领域，如图书检索、人事管理、行车调度等，有时程序员需要根据具体的问题，自行设计数据结构和算法。算法设计的方法很多，如枚举法、递推法、递归法、分治法、动态规划法等。这里仅举一个简单的例子，说明算法的概念和表示方法，更深入的内容将在算法分析与设计课程中进行学习。

示例 7 – 2：若给定两个正整数 m 和 n，写出求它们的最大公约数的算法——欧几里得算法。

方法一：用自然语言描述欧几里得算法。

step 1：读入两个正整数 m 和 n，假定 $m > n$。

step 2：求 m 除以 n 的余数 $r = \text{mod}(m, n)$。

step 3：用 n 的值取代 m，用 r 的值取代 n。

step 4：判定 r 的值是否为 0，若 $r = 0$，则 m 为最大公约数；否则返回 step 2。

step 5：输出 m 的值，即为 m 和 n 的最大公约数。

方法二：用流程图来表示欧几里得算法，如图 7–12 所示。

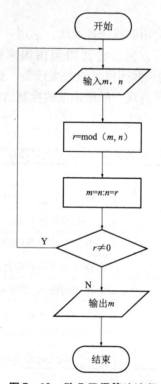

图 7–12　欧几里得算法流程

方法三：用伪代码表示欧几里得算法。

```
begin
read (m, n);
repeat;
r ⇐mod (m, n);
m ⇐n;
n ⇐r;
until r = 0;
printf (m);
end
```

4. 如何衡量算法的优劣

同一个问题，可以有多种解决问题的算法。如对若干个数进行排序，就有十几种算法，这些算法功能相同，但是性能不可能完全一样。因为算法不唯一，相对好的算法还是存在

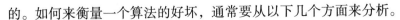

的。如何来衡量一个算法的好坏，通常要从以下几个方面来分析。

1）正确性

正确性是指所写的算法能满足具体问题的要求，即对任何合法的输入，算法都会得出正确的结果。

2）可读性

可读性是指算法被写好之后，该算法被理解的难易程度。一个算法可读性的好坏十分重要，如果一个算法比较抽象，难于理解，那么这个算法就不易交流和推广，对于修改、扩展和维护都十分不利。所以写算法时，要尽量将其写得简明易懂。

3）健壮性

一个程序完成后，运行该程序的用户对程序的理解因人而异，并不能保证每个人都能按照要求进行输入，健壮性就是指当输入的数据非法时，算法也会做出相应的判断，而不会因为输入的错误造成程序瘫痪。比如输入的时间或者距离为负数、分母为 0 时等情形。

4）时间复杂度与空间复杂度

时间复杂度，简单地说就是算法编制成程序后在计算机中运行所需要的时间。一个程序在计算机中运行时间的长短与很多因素相关，这些因素主要有：①程序运行时输入的数据量；②源程序编译所需要的时间；③机器执行一条目标指令所需要的时间；这个因素是与计算机系统的硬件息息相关的，随着硬件技术的提高，硬件性能越来越好，执行一条目标指令所花费的时间也会相应地越来越少；④整个程序中语句的重复执行次数。

由于同一个算法使用不同的计算机语言实现的效率都不会相同，使用不同的编译器编译效率也不相同，运行于不同的计算机系统中效率也不相同，因此使用前三个因素来衡量一个算法的时间复杂度通常是不恰当的。通常使用第四个因素，即整个程序中语句的重复执行次数之和来作为一个算法的时间复杂度的度量，记为 $T(n)$，其中 n 为问题的规划（如多项式的次数、矩阵的阶、图中顶点的个数等）。

算法的时间复杂度 $T(n)$ 实际上是表示当问题的规模 n 充分大时该程序运行时间的一个数量级。例如，若经过对某算法的分析，其程序运行时的时间复杂为 $T(n) = 2n^3 + 3n^2 + 2n + 1$，则表明程序运行所需要的时间与问题规模 n 是成 3 次多项式的关系。当 $n \to \infty$ 时，$T(n)/n^3 \to 2$，故当 n 较大时，该程序的运行时间与 n^3 成正比。引入符号"O"（读作"大 O"），则有 $T(n) = O(n^3)$，表示运行时间与 n^3 成正比。

不同的算法具有不同的时间复杂度，当一个程序较小时，用户就感觉不到时间复杂度的重要性，当一个程序特别大时，便会察觉到时间复杂度实际上是十分重要的，所以如何写出更高速的算法一直是算法不断改进的目标。

空间复杂度是指算法编制成程序后在计算机中运行所需的存储空间的多少。一个程序在计算机运行时在存储器上所占用的存储空间包括程序本身所占的存储空间、程序的输入/输出数据所占的存储空间以及程序运行过程中所占用的临时存储空间。另外，算法的空间复杂度同样也是问题规模 n 的一个函数，称为 $S(n)$，其中 n 为问题的规模。算法的空间复杂度 $S(n)$ 实际上是表示当问题的规模 n 充分大时该程序运行空间的一个数量级。例如，$S(n) = O(n^2)$ 表示运行时所占用的空间与 n^2 成正比。随着计算机硬件的发展，空间复杂度已经显得不再那么重要了，但在编程时也应该注意。

好的算法应该尽量满足时间效率高和存储容量低的特性，即用最少的存储空间，花最少的时间，办成同样的事就是好的算法。

　　5. 算法设计的基本方法

　　算法设计是一项很难的工作，前人通过长期的实践和研究，已经总结了一些算法设计的基本策略和方法，例如，枚举法、迭代法、递归法、分治法、回溯法、贪心法和动态规划法等。这里先介绍一些典型的基本算法思想，然后介绍枚举法、迭代法、递归法、分治法、回溯法等算法设计的基本思想，不侧重算法的实现问题。

　　1）常用的经典算法

　　在算法设计中，有一些算法比较典型，经常被用到，如累加、连乘、求最值、排序、查找等。

　　（1）累加。

　　实际应用中经常会碰到这样的问题：$s = a_1 + a_2 + a_3 + \cdots + a_n$，最简单的思想是：先设 s 为累加和变量，初值为 0。然后从 a_1 开始，直到 a_n，逐项累加进 s 中。这种算法的思想是最容易理解的。求累加和的通用算法模式如下：

s ⟸ 0;

for (i = 1; i < = n; i ++)

　　s ⟸ s + a_i;

printf (s);

　　（2）连乘。

　　实际应用中经常会出现这样的问题：$t = a_1 \times a_2 \times a_3 \times \cdots \times a_n$，算法的思想与累加的思想类似，先设 t 为连乘积变量，初值为 1。然后从 a_1 开始，直到 a_n，逐项连乘进 s 中。连乘的通用算法模式如下：

t ⟸ 1;

for (i = 1; i < = n; i ++)

t ⟸ t * a_i;

printf (t);

　　（3）求最值。

　　即求若干数据中的最大值（或最小值）。算法的基本思想是：首先将若干数据存放于数组 a [ ] 中（分别是 a [1]，a [2]，a [3]，…a [n]），通常假设第一个元素即为最大值（或最小值），赋值给最终存放最大值（或最小值）的 max（或 min）变量中，然后将该量 max（或 min）的值与数组其余每个元素进行比较，一旦比该量还大（或小），则将此元素的值赋给 max（或 min）……所有数如此比较完毕，即可求得最大值（或最小值）。下面给出求 n 个数的最大值的算法：

max ⟸ a [1];

for (i = 2; i < = n; i ++)

if (a [i] > max) max ⟸ a [i];

printf (max);

求最小值的算法是类似的，请根据其基本思想自行写出算法。

　　（4）排序。

　　排序是工作和生活中经常会碰到的常见问题，几十年来，人们设计了很多种排序方法，有些方法非常巧妙，有些方法需要较多的预备知识，有些难度不大不易理解。这里介绍两种简单的排序方法的基本思想。

①选择法排序。

选择法排序是相对好理解的排序算法。假设要对 n 个数的序列进行升序排列，首先将这 n 个数据存放于数组 a [ ] 中（分别是 a [1]，a [2]，a [3]，…a [n]），算法的步骤如下：

ⅰ. 从数组 a 存放的 n 个数中找出最小数的下标，然后将最小数与第一个数交换位置，这样第一个数就是最小数了。

ⅱ. 除第一个数以外，再从其余 $n-1$ 个数中找出最小数（即 n 个数中的次小数）的下标，将此数与第二个数交换位置。

ⅲ. 重复步骤 i. $n-1$ 趟，即可完成所求。

选择排序的算法描述如下：

for (i⇐1; i≤n-1; i++) /＊共选择 n-1 趟/＊

{k⇐i; /＊变量 k 为最小值的下标初值＊/

for (j⇐i+1; j≤n; j++)

if (a [j] < a [k]) k⇐j; /＊变量 k 为最小值的下标＊/

if (k≠i) a [i] ⇐⇒a [k] /＊若最小值不是 a [i]，则 a [i] 与最小值 a [k] 交换＊/

}

作为例子，下面给出了对于序列 90，16，72，98，30，48，12 执行算法的操作步骤：

	90	16	72	98	30	48	12	i=1：k 最后得7，交换二者。
12		16	72	98	30	48	90	i=2：k 最后得2。
12	16		72	98	30	48	90	i=3：k 最后得5，交换二者。
12	16	30		98	72	48	90	i=4：k 最后得6，交换二者。
12	16	30	48		72	98	90	i=5：k 最后得5。
12	16	30	48	72		98	90	i=6：k 最后得7，交换二者。
12	16	30	48	72	90		98	结束。

算法执行过程中，竖线左侧是已经排好序的元素，从竖线右侧的第一个元素开始本轮扫描，直到扫描完最后一个元素，即得本轮要找的最小元素；最小元素的初始位置设置为 i，加粗字体的元素表示本轮扫描得到的最小元素，将最小元素和第 i 个位置的元素交换位置，则完成一次扫描。该序列有七个元素，经过六次扫描选择即可完成排序。

②冒泡排序。

假设要对含有 n 个数的序列进行升序排列，首先将 n 个数据存放于数组 a [ ] 中（分别是 a [1]，a [2]，a [3]，…a [n]），冒泡排序的操作步骤是：

ⅰ. 从存放序列的数组中的第一个元素开始到最后一个元素，依次对相邻两数进行比较，若前者大后者小，则交换两数的位置。

ⅱ. 第 i 趟结束后，最大数就存放到数组的最后一个元素里了，然后从第一个元素开始到倒数第二个元素，依次对相邻两数进行比较，若前者大后者小，则交换两数的位置。

ⅲ. 重复步骤 i. $n-1$ 趟，每趟比前一趟少比较一次，即可完成所求。

冒泡排序的算法描述如下：

for（j⇐1；j≤n−1；j++）/＊n 个数处理 n−1 趟＊/

for（i⇐1；i≤n−j；i++）/＊每趟比前一趟少比较一次＊/

if（a［i］>a［i+1］）a［i］⇐⇒a［i+1］/＊相邻两数，若前者大于后者，则交换两数＊/

作为例子，对于序列 90，16，72，98，30，48，12 执行算法的操作步骤，如下：

90	16	72	98	30	48	12	
16	72	90	30	48	12	∣98	j=1：最大值 98 就位。
16	72	30	48	12	∣90	98	j=2：第二大值 90 就位。
16	30	48	12	∣72	90	98	j=3：第三大值 72 就位。
16	30	12	∣48	72	90	98	j=4：第四大值 48 就位。
16	12	∣30	48	72	90	98	j=5：第五大值 30 就位。
12	∣16	30	48	72	90	98	j=6：第六大值 16 就位。排序结束。

算法执行过程中，竖线右侧是已经排好序的元素，扫描时从左侧开始，每次比较当前元素及其右侧元素，如果是逆序，则交换，这样的结果是每轮扫描都把当前的极大值"沉"到当前序列的最末尾。这个序列有七个元素，经过六次扫描即可完成排序。

（5）查找。

查找是许多程序中最耗时间的一部分。好的查找算法会大大提高运行的效率。这里介绍两种常用的查找方法：顺序查找和折半查找。

①顺序查找。

假定有 n 个目标数据，这些数据是杂乱无章的。将这些数据存放在一个一维数组 a 中（元素分别是 $a［1］$，$a［2］$，$a［3］$，$…a［n］$）。现要求查找这些数据里面有没有值为 x 的元素。若有，则给出这个元素的下标，没有也要给出相应的信息。

顺序查找是最简单的查找方法。其思路是：将待查找的数据与数组中的每个元素进行比较，若有一个元素与之相等则找到；若没有一个元素与之相等，则找不到。

算法描述如下：

i⇐1

while（a［i］≠x and i≤n）

i++；

if（i>n）

printf（"没有要找的数据"）；

else

printf（要查找的数据所在的位置为 i）

②折半查找。

顺序查找的效率较低，当数据很多时，用折半查找可以提高效率。折半查找又称为二分查找或对半查找。使用折半查找的前提是要求目标数据必须有序，否则该方法就会失效。

假定有 n 个目标数据，这些数据已经按从小到大排好序，存放在一个一维数组 a 中（元素分别是 $a［1］$，$a［2］$，$a［3］$，$…a［n］$），要查找的数为 x。折半查找的思路是：将要查找的数值 x 同数组的中间位置的元素比较，若相同则查找成功，结束；否则，若 x 小于中间元素，则数值 x 落在中间元素的左边的区间中，接着只要在左边的这个区间中继续进行折半查找即可；若 x 大于中间元素，则数值 x 落在中间元素的右边的区间中，接着只要在右边的这个区间中继续进行折半查找即可。经过一次关键字的比较，就缩小一半查找空间，如此进行下去，直到找到数值为 x 的元素，或当前查找区间为空，表明查找失败为止。算法描述如下：

```
low ⇐1；
high ⇐n；
find ⇐FALSE
while （low ≤ high and not find）
{ mid ⇐（high + low）/2；
if （x < a［mid］）high ⇐mid－1；/* 修改区间上界 */
else if （x > a［mid］）low ⇐mid＋1；/* 修改区间下界 */
else    find ⇐TRUE；
}
if （not find）
printf （"没有要找的数据"）；
else
printf （要查找的数据所在的位置为：mid）；
```

2）算法设计的基本思想和方法

（1）枚举法。

枚举法起源于原始的计算方法，即数数。当面临的问题存在大量的可能答案，而暂时又无法用逻辑方法排列这些可能答案中的大部分时，就不得不采用逐一检验这些答案的策略，也就是利用枚举法来求解。

应用枚举法很著名的一个例子是公元 5 世纪我国数学家张丘建提出的"百元买百鸡"的问题。

示例 7 - 3：公鸡 5 元 1 只，母鸡 3 元 1 只，小鸡 1 元 3 只。现有 100 元钱，要买 100 只鸡，问公鸡、母鸡、小鸡各可买几只？

针对这个问题，假设 100 只鸡中公鸡、母鸡、小鸡分别为 a、b、c，则问题转化为三元一次方程组：

$$\begin{cases} a + b + c = 100 \text{（百鸡）} \\ 5a + 3b + \dfrac{c}{3} = 100 \text{（百钱）} \end{cases}$$

这里 a、b、c 都是正整数，且 c 是 3 的倍数；由于鸡和钱的总数都是 100，可以确定的取值范围：a 的取值范围为 1~20；b 的取值范围为 1~33；c 的取值范围为 3~99，且每次增加值为 3，即其变化规律为 3，6，9，…，99。

用穷举的方法，遍历 a、b、c 的所有可能组合，最后即可得到问题的解。该问题的算法描述如下：

```
for （a = 1; a < = 20; a = a + 1）
for （b = 1; b < = 33; b = b + 1）
```

```
for （c＝3；c＜＝33；c＝c＋3)
if （a＋b＋c＝100 and 5a＋3b＋c/3＝100）printf （a，b，c)；
```

枚举法是对可能是解的众多候选解，按某种顺序进行逐一枚举和检验，从中找出那些符合要求的候选解作为问题的解。要使用枚举法解决实验问题，应当满足以下两个条件：

①能够预先确定解的范围并能以合适的方法列举。

②能够对问题的约束条件进行精确描述。

（2）迭代法。

迭代法是一种通过重复执行某一个操作序列，使某一个量的取值逐渐接近理想结果的典型算法。数学上的一些定义和算法就是用迭代的方式来描述的，如斐波那契（Fibonacci）数列中的第 n 项为前两项之和，阶乘可用迭代方式定义为：$n! ＝ n \times (n-1)!$。利用迭代算法解决问题，需要做好以下三方面的工作：

①确定迭代变量。在使用迭代算法解决的问题中，至少存在一个直接或间接地不断由旧值推出新值的变量，这个变量就是迭代变量。

②迭代关系式。所谓迭代关系式，是指如何从变量的旧值推出新值的公式。迭代关系式的建立是解决迭代问题的关键。

③迭代过程控制。满足什么条件就结束迭代过程也是迭代算法必须考虑的问题，不能让迭代过程无限地执行下去。

示例 7-4：利用迭代法求斐波那契数列的第 20 项。

斐波那契数列是形如 1，1，2，3，5，8，13，…的一组数据序列，它的某项数据等于前两项之和。为了输出斐波那契数列的第 20 项，先确定迭代变量 $f1$、$f2$ 和 fn，其中 $f1$ 和 $f2$ 分别初始化为前两项的值 1；利用控制循环变量 n 从 3 到 20，利用迭代公式 $fn ＝ f1 ＋ f2$，可求得第 n 项 fn；为了用该式求下一项，将 $f2$ 的值赋给 $f1$，fn 的值赋给 $f2$，经过循环可求得下一项。如此循环迭代，直到第 20 项。其算法描述如下：

```
f1 ⇐1；
f2 ⇐n；
n ⇐3；
while （n＜＝20)
｛fn ⇐f1＋f2；
f1 ⇐f2；
f2 ⇐fn；
n ⇐n＋1；｝
printf （fn)；
```

（3）递归。

程序直接或间接调用自身的编程技巧称为递归。递归作为一种算法，在程序设计语言中广泛应用。递归算法是一个过程或函数在其定义或说明中有直接或间接调用自身的一种方法，它通常把一个大型复杂的问题层层转化为一个与原问题相似的规模较小的问题来求解，递归策略只需少量的程序就可描述出解题过程所需的多次重复计算，大大地减少了程序的代码量。

这里以著名的汉诺（Hanoi）塔问题来说明递归算法的思想及应用。问题是这样的：相传印度教的天神梵天在创造地球这一世界时，建了一座神庙，神庙里竖有三根宝石柱子，柱子由一个铜座支撑。梵天将 64 个直径大小不一的盘子，按照从大到小的顺序依次套放在第一根柱子上，形成一座金塔，即所谓的汉诺塔（又称梵天塔）。天神让神庙里的僧侣将第一根柱子上的 64 个盘子借助第二根柱子全部移到第三根柱子上，每次只能移动一个盘子，且盘子只能在三根柱子上来回移动，不能放在他处。在移动过程中，三根柱子上的盘子必须始终保持大盘子在下，小盘子在上。要求写出移动盘子的步骤。

汉诺塔问题是一个典型的只有用递归方法（而不能用其他方法）来解决的问题。根据递归方法的思想，我们可以将 64 个盘子的汉诺塔问题转化为求解 63 个盘子的汉诺塔问题，如果 63 个盘子的汉诺塔问题能够解决，则可以先将 63 个盘子移动到第二个柱子上，再将最后一个盘子直接移动到第三个柱子上，最后又一次将 63 个盘子从第二个柱子移动到第三个柱子上（图 7-13），则可以解决 64 个盘子的汉诺塔问题。依此类推，63 个盘子的汉诺塔求解问题可以转化为 62 个盘子的汉诺塔求解问题，62 个盘子的汉诺塔求解问题又可以转化为 61 个盘子的汉诺塔求解问题，直到 1 个盘子的汉诺塔求解问题。再由 1 个盘子的汉诺塔的求解求出 2 个盘子的汉诺塔，直到解出 64 个盘子的汉诺塔问题。

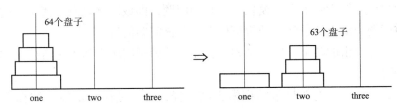

图 7-13   汉诺塔问题的递归求解

程序的算法描述如下：
/* hanoi 函数的功能是将 n 个盘从 one 座借助 two，移到 three 座 */
void hanoi（int n，char one，char two，char three）
{if（n==1）move（one，three）;
else
{hanoi（n-1，one，three，two）;
move（one，three）;
hanoi（n-1，two，one，three）;
}
/* move 函数的功能是打印出移盘的方案 */
void move（char x，char y）{printf（x--＞y）;}
（4）分治法。

任何一个可以用计算机求解的问题所需的计算时间都与其规模有关。问题的规模越小，越容易直接求解，解题所需的计算时间也越少。但是求解一个较大规模的问题，往往难度变得很大。分治法是一种很重要的算法，字面上的解释是"分而治之"，就是把一个复杂的问题分成两个或更多的相同或相似的子问题，再把子问题分成更小的子问题……直到最后子问题可以简单地直接求解，原问题的解即子问题的解的合并。这个技巧是很多高效算法的基础，如快速傅里叶变换、排序算法中的快速排序和归并排序就运用了分治法思想。

下面通过举例说明分治法的算法设计。这个例子就是金块问题：某老板有一袋金块（n块，$n > 2$），老板宣布奖励最优秀的两名员工，最优秀的员工得到最大的一块，第二优秀的员工得到最小的那一块。如果有一台可以用来进行称重的仪器，如天平，如何用最少的比较次数得到最重和最轻的金块。

金块问题可以使用排序算法，将所有金块排序，就可以得到最重和最轻的金块。显然，排序不是我们需要的算法，因为排序求最大、最小的算法开销过大。当然，求最大或者最小问题是金块问题的本质，但问题的解是需要得到最小的比较次数。

n 个金块得到最大值至少需要比较 $n - 1$ 次，再得到最小值需要比较 $n - 2$ 次，因此一共需要比较的次数为 $2n - 3$ 次。如果将金块分成两袋，每一袋的数据为 $n/2$，通过一个扫描过程得到两袋中最大的，需要的比较次数为 $n/2 - 1$，再将两个最大值比较一次，就得到所有金块中最大的，那么比较的次数为 $n/2$，再加上求最小的，比较次数最多为 $n - 1$ 次，远比在一袋金块中比较最大、最小的次数要少。

使用分治法的核心是递归算法。分治法所能解决的问题一般具有以下几个特征：

①该问题的规模缩小到一定的程度就可以容易地解决。

②该问题可以分解为若干个规模较小的相同问题，即该问题具有最优子结构性质。

③利用该问题分解出的子问题的解可以合并为该问题的解。

④该问题所分解出的各个子问题是相互独立的，即子问题之间不包含公共的子问题。

（5）回溯法。

回溯法实际上是一个类似枚举的搜索尝试过程，主要是在搜索尝试过程中寻找问题的解，当发现已不满足求解条件时，就"回溯"返回，尝试别的路径。回溯法是一种选优搜索法，按选优条件向前搜索，以达到目标。但当探索到某一步时，发现原先选择并不优或达不到目标，就退回一步重新选择，这种走不通就退回再走的求解方法为回溯法，而满足回溯条件的某个状态的点称为"回溯点"。

回溯法是设计算法中的一种基本策略。在那些涉及寻找一组解的问题或者满足某些约束条件的最优解的问题中，有许多可以用回溯法求解。

回溯法典型的例子是 n 皇后问题（图 7 - 14）：将 n 个皇后放到 $n \times n$ 的棋盘上，使任何两个皇后不能互相攻击，也就是说，任何两个皇后不能在同一行、同一列或者同一条对角线上。下面以 $n = 4$ 为例，说明如何利用回溯法进行问题求解。

假设 4 个皇后为 $Q1 \sim Q4$，从空棋盘开始。首先让每个皇后占据一行，然后考虑给其分配一个列。

①Q1 放到（1，1）位置，即第 1 行第 1 列。

②Q2 放到（2，1）和（2，2）失败，放到（2，3）位置成功，与 Q1 不能互相攻击。

③Q3 在第 3 行上已经没有位置可放，算法开始"回溯"到 Q2，即倒退到第 2 行，将 Q2 放到（2，4）位置。

④再考虑 Q3，可以放到位置（3，2）上。

⑤现在考虑放置 Q4，无处可放，因此一直回溯到 Q1，即重新开始。仍然从 Q1 开始，排除原来的选择，因此有：Q1 放到（1，2）；Q2 放到（2，4）；Q3 放到（3，1）；Q4 放到（4，3）。这是 4 皇后问题的第一个解。还可以继续计算尝试其他的解。

示例 7 - 5：填字游戏。在 3×3 个方格的方阵中要填入数字 1 到 n（$n \geq 10$）内的某 9 个

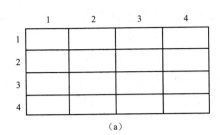
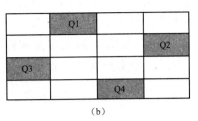

图 7 – 14 *n* 皇后问题

(a) 4×4 棋盘; (b) 皇后位置

数字，每个方格填一个整数，使所有相邻两个方格内的两个整数之和为质数。试求出所有满足这个要求的各种数字填法。

可用试探法找到问题的解。即从还未填一个数开始，按某种顺序（如从小到大的顺序）每次在当前位置填入一个整数，然后检查当然填入的整数是否能满足要求。在满足要求的情况下，继续用同样的方法为下一方格填入整数。如果最近填入的整数不能满足要求，就改变填入的整数。如对当前方格试尽所有可能的整数，都不能满足要求，就需回退到前一方格，并调整前一方格填入的整数。如此重复执行扩展、检查或调整、检查，直至找到一个满足问题要求的解，将解输出。回溯法找一个解的算法描述如下：

m ⇐0；

ok ⇐1；

n ⇐8；

do ｛

if（ok）扩展；

else 调整；

ok ⇐检查前 n 个整数填放的合理性；

｝ while （（not ok or m≠n）and（m≠0））

if（m≠0）

输出解；

else

输出无解信息；

7.4 计算文化

计算工具的革新带来了新的物质文明，计算思维的拓展，使人们解决问题的方法和思路发生了根本性的改变，同时计算科学应运而生。而科学和文化是纠缠在一起的观念共同体。科学背后隐藏着文化，而文化与科学的进步也是密不可分的。在计算无处不在并高速发展的今天，计算文化日益凸显，并成为一种先进的文化，正在潜移默化地影响着每个人的思维方式、行为方式，甚至人生观和世界观。

计算文化（Computational Culture）一词，在国际上已开始有少数的学者提起，但还没有与计算思维相联系，也没有达成共识或形成趋势。何谓计算文化？中科院的王飞跃在国内首次提出这个概念。他指出"中文里目前还没见有人明确提出计算文化的概念，与此相关却不同的计算机文化课在大学里较为普及。不过，我们传统文化中有根深蒂固、历史悠久的'算计'文化。凡是'精明'的人常常被称作能'算计'，时褒时贬，但一般贬时多于褒时，贬义大于褒义，差不多就是'狡猾'的同义词。希望我们能借'计算思维'之东风，尽快把传统世故人情的'算计文化'反正成为现代科学理性的'计算文化'，以提高民族的整体素质"。

就具体内容来说，计算文化与其他文化类似。陈国良院士指出：计算文化就是计算的思想、方法、观点等的演变史。它通过计算和计算机科学教育及其发展过程中典型的人物与事迹，体现了计算对促进人类社会文明进步和科技发展的作用以及它与各种文化的关系。

中国的传统文化经过几千年的发展已经深深地渗透在中华民族的骨髓里，深深地影响着中华民族的行为观念。中国传统文化之伟大之处，乃在最能调和，使冲突之各方兼容并包，共存并处，相互调剂。计算文化与信息时代人们的生活息息相关，并与传统文化保持着千丝万缕的联系，但又有自己的特征。

计算文化的基石是数字化，它决定了计算文化的根本特征。正如尼葛洛庞帝在《数字化生存》一书中所描述的，数字化生存是现代社会中以信息技术为基础的新的生存方式。在数字化生存环境中，人们的生产方式、生活方式、交往方式、思维方式、行为方式都呈现出全新的面貌。如生产力要素的数字化渗透、生产关系的数字化重构、经济活动走向全面数字化，使社会的物质生产方式被打上了浓重的数字化烙印，人们通过数字政务、数字商务等活动体现出全新的数字化政治和经济；通过网络学习、网络聊天、网络游戏、网络购物、网络就医等刻画出异样的学习、交往、生活方式。这种方式是对现实生存的模拟，更是对现实生存的延伸与超越。数字化生存体现一种全新的社会生存状态。当今正在形成的计算文化，是一种渗透到全球平民生存领域方方面面的文化形态，它将给人们带来另类的生存体验。

计算文化的灵魂是高速。《孙子兵法》上有这样一句话："激水之疾，至于漂石者，势也。"很快的速度能使沉甸甸的石头漂起来，我们经常看到洪水来临时，水面上甚至漂着几顿重的汽车。计算机对"速度"的执着达到了无以复加的程度。而今，许多大量复杂的科学计算问题如卫星轨道的计算、大型水坝的计算、24 小时天气预报等只需几分钟就能完成。计算文化的精髓是创新。纵观计算文化的形成与发展过程，不管是思想、理念、方法还是技术，处处都闪耀着创新的智慧与光芒。没有任何一种文化，比计算文化更能体现出创新的意义。计算文化作为一种崭新的文化形式，具有独特而鲜明的文化特征。在高速发展的信息时代，计算文化必然会对传统文化产生深远的影响。

一方面，计算文化以它特有的快捷性、多维性、创造性特征给经济、社会和人的发展带来前所未有的机遇，正如思想家麦克如汉说："借用数字技术，人可以越来越多地把自己转换成其他的超越自我的形态"。我国学者李伯聪更是把数字互联技术比拟为马克思所说的那种实现人的全面发展的"共同的社会生产能力"的"萌芽"。计算文化是一种先进的生产力，它能够使人获得更多的自由和发展的空间；计算文化使人的智力得到提升、观念得到更新，从而形成更加全面的素质和能力体系；计算文化还可以满足和丰富人的社会需要，推动人的全面发展。

另一方面，计算文化的扩张性与支配性又会给人类的生存和发展带来极大的挑战和困境。比如，网民在聊天室和 BBS 上就经常使用一些网络词语和符号，甚至很多网民为了提高输入速度，对一些汉语和英语词汇进行改造，对文字、图片、符号等随意链接和镶嵌。这些现象都反映了计算文化范式对传统文化范式的冲击与挑战，由此产生的对人的全面发展的不良影响与后果不能不引起人们的思考。计算文化改变着人类的文化认同和传统伦理观念。就拿当今普遍讨论的网恋、网婚等现象，人们对此就有许多不同甚至相反的看法和观点。不管如何，它所折射出来的却是计算文化对人类传统文化与伦理观念的冲击与影响，其对人的全面发展的影响将是广泛而深刻的。"数字依赖""网络成瘾"等还可能给我们的学习、生活带来不可预测的"人为风险"。

不得不承认，传统文化已经受到计算文化的剧烈冲击。计算文化冲击了传统语言、传统道德观念和传统文化传播方式等。但并不代表计算文化挤压了传统文化，相反，计算文化推动着我们生活方式的进步。而且计算文化还为传统文化的发展和传播提供了很好的平台。计算文化与中国传统文化的交融和碰撞所擦出的火花点燃了这个时代灿烂的火焰，也照耀了人类文明。传统文化使我们拥有光辉的过去，其积极成分也促进了时代的发展。而计算文化就像是强大的推动力，为时代发展注入新的活力，也将我们一次次推上时代发展的风口浪尖，使我们成为时代的弄潮儿。因此，我们要以包容的心态对待这两种文化，糅合它们的精华，为这个时代注入强大的动力，使古代文明和现代文明相结合，从而促进时代的发展。

习题

1. 什么是计算思维？计算思维有何特征？
2. 试述计算机解决具体问题的一般过程。
3. 结构化程序设计方法与面向对象程序设计方法各自有什么特点？
4. 算法的表示方法有哪些？比较它们的优缺点。
5. 用流程图或伪代码表示一个算法，实现重复输入 10 个数，求出最大值和最小值，并将结果显示出来。

第8章 计算机前沿技术

8.1 智慧城市

在新一代信息技术高速发展的背景下，充分运用物联网、云计算、大数据、人工智能、移动互联等技术手段，为公众服务、社会管理、城市治理、产业运作等活动需求做出对应的及时响应而打造的信息平台。智慧城市通过现代技术手段将人、商业、政务、物流、通信、医疗、能源等城市运行的主要核心系统有机地融合，是一种更智慧、更人性化的新型城市发展模式。目前，在传统发展的城市里，每个单位生成的数据和产生的信息都是各自独立的，这样便产生了一个个的信息孤岛（图8-1）。智慧城市的建设需要重新整合各个信息孤岛，达到信息互通的目的，使整个城市各个部门、单位、机构协同能力和调控能力得到质的提升，能将整个城市的治理水平提升到一个新的高度，这是前所未有的，是真正意义上的城市信息化和数字城市的体现。当前，国内外许多城市正在探讨和实施"智慧城市"战略，并积极地制定相关标准。

图8-1 城市信息孤岛

以互联网和云计算作为城市运行的基础设施，通过数据共享开放的方式实现城市治理现代化。在过去，不少城市里的业务政务需要本人到场、需要跑腿多个部门的情况，已经逐步减少。基于人工智能的人脸检测技术，已经实现了通过网络就可以完成身份验证工作。目前的人脸检测技术已经做到了多重真人检测的能力，其中包括活体检测、照片PS痕迹检测、摄像头反拍检测等技术。多部门数据信息互通，也将城市的突发事件响应时间和反应时间大大缩短。比如在救护车从医院出发，前往病人所在位置的整个过程中，智慧城市可以通过多部门联动作用，控制救护车所经过路段的交通信号灯，关注交通情况是否有交通事故出现，在交通事故出现路段，对车流进行流量控制，这样可以用最短的时间将病人送到医院进行救治（图8-2）。在智慧城市的城市网络能够实现物流运输从订单、运单、交付到结算的全过程覆盖。所有的物流实现信息集中统一汇集与处理，最大限度地减少货物中转次数与多次装卸，大幅度提升物流公司与货主有效的服务与沟通效率，改善信息服务和结算服务效果，大幅缩短综合物流运输的服务流程。

智慧城市的建设，需要在原有城市的基础上进行设计。面对原有的城市进行智能化的改

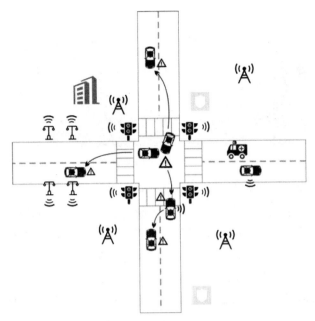

图 8-2 城市车流控制

造是一个巨大的挑战。在传统城市里，随着移动通信网络的升级，通信基站数量不断增加。相比于 4G 网络，目前开始普及的 5G 通信系统的各项性能指标都有很大的提升。5G 移动通信网络基站使用高频频段电磁波通信。电磁波的一个显著特点是：频率越高波长越短，在传播介质中的衰减也越大。用更通俗的话来说，就是信号穿透能力比之前的通信网络要弱，传输距离也大幅缩减，覆盖能力大幅减弱，这就意味着，覆盖同一个区域需要的 5G 基站数量就会远远超过 4G 基站。这样基站的架设就需要更好地进行规划和设计，不仅要美观，还要达到信号的覆盖效果。在城市配套硬件方面，传统城市很多管网线路是早期埋设架设的，随着时间的推移，部分原有的设计已经无法找到，有的还在继续工作，有的已经荒废。在未来的智慧城市中，所有的城市管网都将被进行整理、重新规划并安装传感器，这对于一个已经建好的传统城市来说，无疑是一个巨大的工程和一种新的挑战。

8.2 人类机能增进技术

近年来，随着移动处理器性能以及移动通信网络传输速率的大幅度提升，原有的很多硬件设施也越来越小型化。这样，过去一些常见的电子设备变得更容易被携带，使我们能够在人类原有生物极限上得到大幅度的突破。在视觉上，通过高清摄像头，让人类看得更远、更清晰，人类能更快地从众多信息中发现敏感信息。便携式穿戴设备通过高速低延时的物联网信息进行传递，可穿戴设备捕捉人类视网膜实现新一代的人机交互能力。人们在看到大量信息时将会得到设备的辅助，其协助人们对敏感信息进行标定分类，使人们可以轻松地获得经过筛选的关键信息（图 8-3）。随着信息爆炸时代的到来，如何更准确地检索出人们感兴趣的信息，并将上下文信息传送到感官中是未来视觉机能增进技术的一个重要方向。

除了在感官上的突破，人类在四肢上也将得到更大的机能增进。能与人脑实现互动式的

图 8 - 3　视觉增强眼镜

外骨骼技术将使我们变得更加强大，外骨骼装置相当于，除了人自身的骨骼和肌肉组织外再新增一套更强大的骨骼系统。它能够通过机械系统为穿戴者提供四肢运动的助力。外骨骼包括机械结构、传感、动力传动、能源供应和控制等部分。外骨骼设备已经从开始只针对残障人士的运动辅助设备，逐步面向正常人的四肢运动能力提升的方向发展（图 8 - 4）。控制它运动的原理是通过传感器捕捉人的产生意念，当人想要做出动作时，大脑就会产生控制信号，然后通过神经到达皮肤，这时会形成表面肌电信号。虽然这些信号非常微弱，但是仍然能够被电子电路检测到。人类穿戴的体外骨骼设备，就是通过被捕捉到的肌电信号对机械做出控制动作。

　　人类机能增进技术如今还面临着较大的挑战，有很多技术难点需要被突破。所有可穿戴设备的能源问题是该项技术最大的瓶颈。在处理海量信息的处理器和传输大量数据的过程中，电子设备都需要消耗大量的电能。如果需要存储较多的电量，只有两种方法，第一种增加储能设备的数量，第二种增加单位储能设备的能量密度。第一种方法会直接影响到设备的重量和体积的增加，使设备的便携性变差。至于第二种方法，目前现有材料已经到达了极限，科学家们正在不断研究，尝试在该领域中寻求新的突破。

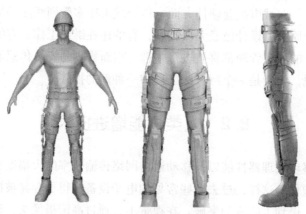

图 8 - 4　人体外骨骼设备

8.3　区块链

　　区块链是一个分布式的共享账本和数据库，具有去中心化、不可篡改、全过程留痕、可以溯源、集体维护、公开透明等特点。这些特点保证了区块链数据的真实与透明，是区块链数据真实性的基础。基于区块链能够解决生活中大量信息不对称问题，实现多个主体之间的协作信任。

　　区块链是整合了分布式数据存储、点对点传输、共识机制、加密算法等计算机技术的一个新型应用模式。区块链本质上是一个去中心化的分布式数据库，在这样的一个网络上，任何一台服务器都是一个节点，任何一台服务器都可以成为一个中心（图8-5）。所有的中心都不是永久性的，而是阶段性的，任何中心都不能对节点有强制性，区块链是一串使用密码学方法相关联产生的数据块，每个数据块中包含了一批次交换的信息，用于验证其信息的有效性和生成下一个区块。区块链的核心技术包括：共识机制、分布式账本、非对称加密。

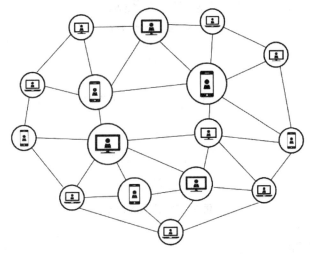

图8-5　区块链示意

8.3.1　共识机制

　　共识机制就是整个系统去认定一个记录的有效性，既是认定手段，也是防篡改手段。区块链有四种不同的共识机制，适用于不同的应用场景。区块链的共识机制具备"少数服从多数"以及"人人平等"的特点。这里的"少数服从多数"并不完全指节点的个数，也可以是计算能力、权重数或者其他的计算机可以比较的特征量。"人人平等"是当节点满足条件时，所有节点都有权优先提出共识结果，如果直接被其他节点认同，最后就有可能成为最终共识结果。假设需要伪造出一条不存在的记录，那么全网超过51%的记账节点需要被同时控制，才有可能实现，当加入区块链的节点足够多时，实现这一功能的可能性就变得极低，从而杜绝了造假的可能。

8.3.2　分布式账本

　　传统记账模式是由多个节点与一个中心节点相连（图8-6）。分布式账本指的是交易记账的过程是分布在不同地方的多个节点共同完成，而且每个节点记录的是完整的账目，因此所有的节点都可以参与监督交易合法性，同时，也可以共同为该交易作证。区块链每个节点都按照块链式结构存储完整的数据，每个节点存储都是独立的，地位都是等同的，共识机制保证存储的一致性，没有所谓的中心节点，没有任何一个节点可以单独记录账本数据，从而避免了单一记账可被篡改的可能性（图8-7）。由于记账节点足够多，理论上除非所有的节点被破坏，否则账目就不会丢失，从而保证了账目数据的安全性。存储在区块链上的交易信息是公开透明的，但是账户身份信息已经被系统高度加密，只有在数据拥有者授权的情况下才能进行访问，这样便保证了数据安全和个人隐私。

图8-6 传统记账

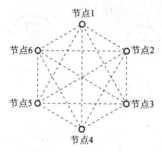

图8-7 分布式记账

8.3.3 非对称加密

非对称加密（图8-8）使用的是两个密钥值：一个密钥值用来加密消息，另一个密钥值用来解密消息。这两个密钥值在同一个过程中生成，称为密钥对。在密钥对中，一个被称为公钥，另一个被称为私钥。公钥被用来加密消息，私钥被用来解密消息。被公钥加密的消息只能用与之对应的私钥来解密。私钥是个人的，不会对外公布，只有用户自己知道；而公钥却可通过非安全管道来发送或在目录中发布。

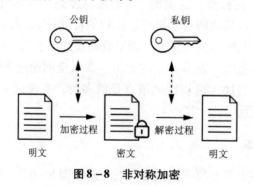

图8-8 非对称加密

8.4 产业互联网

在产业互联网中，现在的互联网将演变成为"基础设施"，互联网的表现形式不再是我们现在所看到的互联网模式、互联网技术，而是基于数字或者数据的方式来出现，是大数据、云计算、区块链和人工智能等一系列的载体。

信息通过互联网实现效率的提升。整个产业链中的各类主体都可以得到信息，各类主体可以根据各自的需求自发地产生联系，从而创造价值。产业互联网平台一般包含交易平台、供应链金融平台、共享服务平台。其中最为核心的是交易平台，这个平台产生了供需关系，供应链金融和共享服务是组成交易平台的重要支撑；金融链平台为供需端提供支付信用担保的服务，共享服务将分散、闲置的生产资源整合起来，弹性匹配、动态规划共享给需求方的新模式新业态。产业互联网在未来应用的重要领域，包括制造业和农业等。

如今，互联网正加速向制造业各环节渗透。这将对制造业组织和生产产生重大的变革，制造业将具有网络化协同、个性化定制、智能化软性生产等新特征。产业互联网再通过对传统研发模式进行改造创新，消费者及企业员工都可以参与企业产品研发的全过程，研发模式从封闭走向开放，精准匹配用户需要，既能满足市场需求，又能防止产能过剩的问题给企业带来库存和资金压力。产业互联网将传统的生产模式向数字化、智能化生产模式发展。传统制造业将由大规模标准化生产向大规模柔性定制方向转变，智慧工厂如图8－9所示。

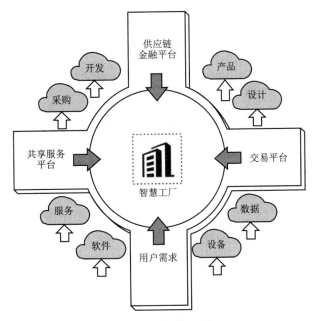

图8－9　智慧工厂

产业互联网将从根本上改变农业生产的价值创造和实现方式。与现有的农业生产不同，产业互联网通过部署众多的传感设备和大数据技术，搭建智能化农业生产体系，实现农业生产的自动化、精准化。智慧农业生产如图8－10所示。产业互联网将再造农产品流通形态，拓宽农产品销售渠道，能与众多电子商务平台互联，扩大农产品的传播途径和销售方式，解决农产品销售难的问题。产业互联网将带来对美好未来的憧憬。在这条发展道路上，也存在着不少的挑战。比如，在制造业领域中，由于互联网本身的特性和工业生产体系之间存在差异，互联网的特质是开放、共享，而工业生产体系则对稳定和安全有着严苛的要求，两者特性与体系难以契合。现阶段，互联网与制造业的融合主要集中在销售和设计等环节，很少直接发生在生产过程中，大多数工业企业和互联网企业面临缺乏深度融合的问题。

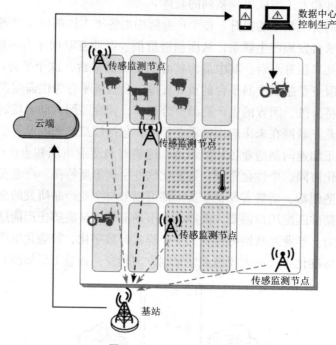

图 8 – 10 智慧农业生产

8.5 量子计算

量子计算是一种遵循量子力学规律调控量子信息单元进行计算的新型计算模式，是基于量子比特（Qubit）的崭新计算技术。

量子计算概念的提出可以追溯到 20 世纪 80 年代的 P. Benioff，他在美国 ANL 实验室首次提出利用量子系统可以仿真传统的数字计算；随后不久量子电动力学家费曼勾勒出以量子现象实现计算的愿景，而 D. Deutsch 则提出量子图灵机的概念，由此量子计算开始具备数学的基本型式。

经典计算中信息的基本单位是 bit，能表示 0 或 1 两种状态中的一个状态，2 个 bit 能表示 00、01、10、11 中的一个状态。在量子计算系统中，信息的基本单位是量子位，在量子位中量子是双态的。

如把量子比特的双态表示为 0 和 1，那么一个量子 bit 则同时包含 0 和 1 的信息，即呈现 0、1 的叠加态：有一定的概率 p 表现为 0，也有 $(1-p)$ 的概率表现为 1。如果把一个经典比特看成是一枚硬币，硬币的正反面代表 0 和 1，那这枚硬币静静躺在桌面上只有一种状态，要么是正面，要么是反面。量子比特则是一枚在桌面直立旋转的硬币，看不出是处于反面还是正面，或者说都有一定的概率变成正面或反面。当用户要测量它的状态时，硬币就会停止转动，变成一个确定的状态，要么是 0，要么是 1。

对于经典计算机来说，n 个比特只可能处在 2^n 个状态中的一种情况，而对于量子比特来说，n 个量子比特可以处于 2^n 个状态任意比例叠加。理论上，如果对 n 个比特的量子叠加态进行运算操作，等于同时操控 2 的 n 次方个状态。这是一种"超并行"的运算方式，随着可操纵比特数增加，信息的存储量和运算的速度会呈指数增加，经典计算机将望尘莫及。

量子计算具有的超级算力潜力，吸引了众多科研机构和国家的注意力，并投入人力物力潜心研究，算法、量子编码和量子系统的硬件体系等都有重要进展。

中国量子计算的发展起步较晚，国家也先后启动一系列重大计划、专项和基金支持研发量子计算，但总体还是处于落后局面，关键技术的研发处于起步阶段，与国际水平存在差距，参与的企业数量少，人才知识结构单一。

近年来，量子计算领域重要进展包括：2020 年，谷歌推出 54 个量子比特的计算机"Sycamore"，宣布实现量子优越性。美国霍尼韦尔公司表示研发出 64 量子体积的量子计算机，性能是上一代的两倍；中国科学技术大学潘建伟教授等人成功构建 76 个光子的量子计算机"九章"（图 8 – 11），实现了"高斯玻色取样"任务的快速求解，比同时期最快超算快 100 万亿倍。

图 8 – 11 "九章"量子计算机原型内部结构

2021 年 2 月，我国本源量子计算公司负责开发的中国首款量子计算机操作系统"本源司南"正式发布，这标志着国产量子软件研发能力已达国际先进水平。

虽然全球量子计算技术的研究取得了可喜的进步，各种物理实现的原理性验证发展迅速，算法和软件也有一定的发展，但还属于研究阶段，实现通用量子机任重道远。

8.6 混合现实

混合现实（Mixed Reality，MR）是一组技术的集合，是构建虚拟世界和现实世界融合的环境，提供人类大脑与人工智能进行互动的平台。MR 同时也表示另一个概念：介导现实（Mediated Reality）。混合现实与介导现实其实都属于通过计算机技术为人类实现现实环境和虚拟环境的融合，通过人与构建的虚实系统的交互，使人类能更深层次认识世界和探索世界。

介导现实、混合现实、虚拟现实（VR）和增强现实（AR）之间的关系可以用图 8 – 12表示。

目前实现混合现实的做法大多数是利用智能穿戴设备，如智能眼镜（图 8 – 13）或智能

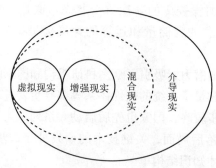

图 8-12 介导现实、混合现实、虚拟现实和增强现实之间的关系

头盔,该设备包含摄像头、屏显、耳机,甚至集成智能芯片和算法程序等,通过使用者视听系统提供的强大沉浸式体验,获取使用者的动作命令,系统做出迅速回应。

图 8-13 智能眼镜

混合现实被视为未来的技术之一,可在娱乐、教育、医疗、体育、军事、工业等领域展开应用,如沉浸式电影、互动式游戏、辅助教学、医学图像立体展现、远程诊断和手术、军事训练等都有混合现实的结合点。随着 5G 高速网络的建设部署,混合现实在远程实时互动方面更加容易实现,如网络的无迟延大大降低远程手术的风险等。

美国是 VR 和 AR 概念和技术的发源地,西方发达国家拥有明显的技术优势,许多 IT 巨头都参与混合现实产业。我国在混合现实方面发展较晚,但政府部门也高度重视虚拟现实相关产业的发展,国内的知名 IT 企业如百度、睿悦科技等企业都积极参与研发。随着国家支持政策出台、融投资的不断扩大,混合现实的技术发展逐步加快,在不少领域应用逐渐成熟。中国自身也需要重视并解决混合现实发展所面临的问题,如缺乏混合现实领军企业,无完善的产业链与商业模式,混合现实专业人才不足、行业应用有待进一步融合发展等。

8.7 移动云计算

移动云计算的定义可以概括为:移动终端通过无线网络,以按需、易扩展的方式从云端获取所需的基础设施、平台、软件等资源或信息服务的使用与交付模式。它的主要目的是利用云端的计算、存储等资源优势,突破移动终端的资源限制,为移动用户提供更加丰富的应用以及更好的用户体验。

移动和云计算正在改变人们与数据交互的方式。中国手机上网用户数在 2020 年已达 9.86 亿人,互联网普及率为 70.4%。预测不到十年,全球将有 75% 的人加入移动网络,而移动终端也将变得更强大，更多的环境信息交互技术融合在移动终端功能中，使人们通过一台智能手机就能够完成位置获取、环境数据收集、个人实时信息收集、对象识别等功能，这些功能不仅能在移动端设备中完成，还可以利用移动云获取无限的算力，提供更高级别的决策支持，而用户不需要花太多的钱就能体验。未来"移动终端＋移动云计算"有可能改变从医疗保健、教育到农业生产等的任何事情。如实时监测使用者健康状况，针对特殊状况与医疗 AI 系统交互做出合适的反应；军事训练过程中针对位置和环境数据变化提供预警和路由选择；师生通过云计算平台完成教与学的互动；农业生产工作者通过云平台获取的新生产技术知识、实时天气分析、实时农作物数据的收集和处理为农作物生产活动提供指导。

移动云计算的体系架构如图 8-14 所示。

图 8-14 移动云计算的体系架构

移动云计算涉及的主要技术有：计算迁移技术、基于移动云的位置服务、移动终端节能技术和数据安全与隐私保护等，而应用包括移动云存储、微云应用、移动云游戏和移动群智应用等。

目前，国外著名的云服务供应平台有微软 Azure 和亚马逊 AWS，国内有移动云、阿里云、腾讯云、华为云等。

参考文献

［1］林子雨．大数据导论：数据思维、数据能力和数据伦理（通识课版）［M］．北京：高等教育出版社，2020.

［2］周娅．大学计算机基础［M］．桂林：广西师范大学出版社，2013.

［3］王晓华，黄晓波．计算机文化基础［M］．北京：化学工业出版社，2014.

［4］曹将．PPT炼成记［M］．北京：中国青年出版社，2014.

［5］张亚玲．大学计算机基础：计算思维初步［M］．北京：清华大学出版社，2013.

［6］唐培和，徐奕奕．计算思维：计算学科导论［M］．北京：电子工业出版社，2015.

［7］黄国兴，陶树平，丁岳伟．计算机导论［M］．北京：清华大学出版社，2013.

［8］张皓泊．量子通信与量子计算［J］．中国新技术新产品，2018（20）：78-79.

［9］王帮海，龚洪波．量子计算与量子信息简介［J］．现代计算机（专业版），2015（15）：18-22.

［10］崔勇，宋健，缪葱葱，等．移动云计算研究进展与趋势［J］．计算机学报，2017（2）：273-295.